2022 年重庆师范大学学术专著出版基金资助，项目批准号（22XCB01）

国家自然科学基金项目（41401021）

南水北调东线江苏受水区
水资源优化调度与配置研究

曾春芬　　王腊春　　马劲松 等　著

科学出版社

北　京

内 容 简 介

为更好解决水资源供需矛盾，人们通过兴建水库、引调水等水利工程来调整水资源的时空分布，以满足社会、经济、生态等用水需求。如何进行复杂水资源系统的优化调度，提高水资源系统的效益，是关注的焦点。本书聚焦南水北调东线江苏省受水区复杂的水利工程群，耦合水文模型和水资源调度模型，研发湖泊调蓄作用、反馈式循环调度等方法，为复杂水利工程集群区实现微观层面的水资源精细化管理提供技术支撑。本书主要来源于国家自然科学基金青年项目以及课题组长达十年开展的系列南水北调东线江苏省受水区水资源优化调度与配置研究成果。

本书可作为水文水资源、水利工程等专业本科生、研究生及相关领域科研人员和相关部门工程技术人员的参考书。

审图号：苏 S（2024）3 号

图书在版编目（CIP）数据

南水北调东线江苏受水区水资源优化调度与配置研究 / 曾春芬等著.
北京：科学出版社，2025.1. — ISBN 978-7-03-079709-4

Ⅰ．TV68；TV213.4

中国国家版本馆 CIP 数据核字第 2024T7W219 号

责任编辑：刘 琳 / 责任校对：彭 映
责任印制：罗 科 / 封面设计：墨创文化

科学出版社 出版
北京东黄城根北街 16 号
邮政编码：100717
http://www.sciencep.com
成都锦瑞印刷有限责任公司 印刷
科学出版社发行 各地新华书店经销
＊
2025 年 1 月第 一 版 开本：787×1092 1/16
2025 年 1 月第一次印刷 印张：11 1/4
字数：270 000
定价：128.00 元
（如有印装质量问题，我社负责调换）

本书作者

曾春芬　王腊春　马劲松
杨树滩　常本春

前　言

随着经济社会的发展，水资源时空分布不均与人类社会、经济、环境等用水需求不一致的客观存在已成为制约我国经济社会协调、可持续发展的重要瓶颈。为解决水资源紧缺问题，人们通过兴建水库、闸站等水利工程来调整水资源的时空分布，以满足社会、经济、环境等用水需求。对于资源型缺水地区，仅依靠挖掘本流域水资源潜力无法有效缓解水资源的供需矛盾。大规模的跨流域引（调）水已经成为我国重新分配水资源、缓解缺水地区供需矛盾的重要途径。

南水北调东线工程已建成并运行，新建成的南水北调工程属国家管控，与原江水北调工程管理体制形成交叉与重叠。现有的水资源宏观配置与用水户的实际微观需求尚存在脱节。江苏省是南水北调东线工程的源头，也是其主要经过区域和受水区，不仅承担着本地供水目标，还向山东和安徽两省供水。新增供水主要依靠抽引长江水逐级北翻满足，水源珍贵。因此，江苏省南水北调东线受水区的水资源优化调度与配置研究是亟待解决的重大问题。围绕习近平总书记提出的治水新思路，以"节水优先、空间均衡"为指导思想，以建成现代化水资源管理平台为目标，从供给侧与需求侧双管齐下，开展水资源优化、多元调度、水量考核体系、水资源优化配置等研究，以期为南水北调东线江苏受水区水资源优化配置与管理提供信息支持，并推进江苏省现代化水安全保障体系的建设。

目前，南水北调新增工程与原江水北调工程同时运营，但管理体制不同，运营成本亦不同，因此受水区调水水源划分与优化配置至关重要。开展受水区供水尤其是引江水的去向研究，摸清引江水、淮水的具体行踪"路线图"。在调水过程来龙去脉研究基础上，结合水情、年度用水计划与用水户的实际需求，配置 4 类水源，合理确定不同水源的供水量，提出水源结构优化方案。

水工程集群的调度方案是水资源的供给与利用效率的主要影响因素之一。从现行和规划调度方案及水资源的需求出发，提出年度调度预案；基于供水水源结构优化、水利工程集群响应机理研究，制定结合雨情、水情、工情等多元联合调度方案，进行实时调度计算，尤其是洪泽湖、骆马湖、微山湖和运河、运西线河道的当时蓄水情况等；评估调度和供水需求，实时反馈调整调度方案；年度调度结束后，评估年度调度成效，提出下一年度的调度预案；通过调度预案-实时调度-调度评估-优化调度的反馈、循环过程，提高优化调度水平，从而建立以水资源配置为抓手的调度"导航"系统，为提出契合研究区实际需求且秉持节水优先精髓的调度方案，实现调水工程集群高效优化调度方式提供技术支持。

以先节水后调水为指导方针，通过水资源利用考核技术系统的构建，为水资源高效利用提供科学依据。利用区域内各类闸站的年度实际调水量和各取水口实测水量，基于模型反算当年的区域实际用水量；按照实际用水量对区域进行水资源考核并提出考核意见；开展供需平衡评估，从总量控制、用水效率、供水条件等角度，提出供水保障的工程措施和非工程措施，全面提高用水效率。其中，本研究的水量考核可微观至用水口门与重要引水口门，可为精准水资源管理提供支撑。

本书设计并集成与水资源配置相关的要素空间数据模块：基于模型输入参数多且复杂，为提高模型应用的便利性，设计水文要素的数据模块模式，与国家标准、省水文局数据格式接轨的同时，将闸站、河道特征等原先用文件存储的数据集成到水文空间数据模块中，实现高效的数据存储和管理，为后续水资源优化调度、配置、管理系统的集成奠定扎实的数据基础。设计并建立水资源配置与管理信息系统，完成水资源分区、行政分区、区段、梯级、重要口门等不同空间尺度且包括"年""季节""指定时段"多时间尺度的研究成果的集成，模型模拟的需要调试和修改的参数均设置为界面控制式，继而为各级水资源管理部门提供信息支撑。

本书是作者团队基于近十年南水北调东线江苏省受水区水资源模拟与优化配置研究的成果梳理。主要包括南水北调东线微观层面水资源调配模型、需水计算及水资源考核技术系统的构建、供水水源构成分析及供水"路线图"追踪、不同典型年下多水源微观尺度水资源配置方案、水资源调度、配置与管理信息系统集成等几个部分。本书由曾春芬组织，并分工协作完成。曾春芬负责初稿撰写与统稿；王腊春负责总体设计与把关；马劲松负责程序与系统集成；杨树滩和常本春负责信息核对与反馈。曹明霖、李永泰、赵华清、李增福等同学参与项目研究。

本书可作为水文水资源、水利工程等专业本科生、研究生及相关领域科研人员和相关部门工程技术人员的参考书。鉴于南水北调东线江苏受水区水利工程非常复杂，作者水平有限难免存在不足之处，恳请广大读者批评指正。

作　者
2025 年 1 月

目　　录

第1章 绪　　论

1.1　研　究　背　景

1.1.1　研究目的与意义

水资源不仅仅是一种自然资源，是人类生存环境的重要组成部分，是地球上一切生命的命脉，更是一种社会资源，其综合效益是其他任何资源无法替代的，是各行各业可持续发展的重要保证。我国的人均水资源量较低，约为世界平均水平的1/4，在时间和空间上的分布也极不均匀。受季风气候的影响，我国大部分地区降水和径流年内、年际变化很大，枯水年和丰水年连续出现。受海陆位置、水汽来源、地形地貌等因素的影响，我国水资源在空间上呈现东南沿海向西北内陆递减的总趋势。水资源时空分布与我国人口、城市分布以及社会经济发展水平的不匹配，大大加剧了部分地区水资源紧缺的问题。随着经济社会的发展，水资源时空分布不均与人类社会、经济、环境等用水需求不一致的客观存在已经成为制约我国经济社会协调、可持续发展的重要原因。

为了解决水资源紧缺问题，人们通过兴建水库、闸站等水利工程来调整水资源的时空分布，以满足社会、经济、生态等用水需求。自中华人民共和国成立至2021年，我国修建了大量水库，其中大、中、小型各类水库约9.8万座，总蓄水量约9323亿 m^3。随着水库数量的增多，传统的单一水库运行模式已经很难适应目前的优化调度需求，为了更加有效地利用蓄水工程，水库群联合调度逐渐兴起。从更广的范围进行研究，对于资源型缺水地区，仅仅依靠挖掘本流域水资源潜力无法有效缓解水资源的供需矛盾，为了缓解水资源不足的情况，通过调水工程从水资源量相对富裕流域调入多余的水资源利用。大规模地跨流域引（调）水已经成为我国重新分配水资源、缓解缺水地区供需矛盾的重要方法。

目前，南水北调东线工程已建成并试运行，新建成的南水北调工程属国家管控，与原江水北调工程管理体制形成重叠与交叉；现有的水资源宏观配置与用水户的实际微观需求尚存在脱节；江苏省是南水北调东线工程的源头，同时也是其主要经过区域和受水区，不仅承担着本地供水目标的任务，而且还向山东和安徽两省供水，新增供水主要依靠抽引长江水逐级北翻满足，水源珍贵。因此，江苏省南水北调东线受水区的水资源优化调度与配置研究是亟待解决的重大问题。

本书围绕习近平总书记提出的以"节水优先、空间均衡、系统治理、两手发力"，以建成现代化水资源管理平台为目标，从供给侧与需求侧双管齐下，开展水资源优化、多元调度、水量考核体系、水资源优化配置等研究，为南水北调江苏受水区水资源优化配置与管理提供信息系统,并推进江苏省现代化水安全保障体系的建设,为该地区水利工程的有效运营提供科学依据与技术支撑,为区域水资源管理提供示范与借鉴。

1.1.2 研究目标与对象

江苏省紧紧围绕 2011 年中央一号文件及国务院相关意见和通知,2012 年发布《省政府关于实行最严格水资源管理制度的实施意见》(苏政发〔2012〕27 号),逐步推进实行最严格水资源管理制度。针对现有工作的薄弱环节,重点开展水工程集群多元联合实时反馈式调度以及基于模型定量化考核和基于地理信息系统(geographic information system,GIS)的水资源调度、配置与管理信息系统的集成等关键技术问题的研究,以达到水资源高效利用的目标。

本书以南水北调东线江苏受水区为研究区域,研究区域内水量调配与考核关键技术。其中,研究区域包括淮安、宿迁、徐州、连云港市的所有辖区,扬州市的江都区、高邮市、宝应县和盐城市阜宁县,其中沿运河、沿总渠自流灌区为里下河水源调整后的供水范围,涉及扬州市江都区、高邮市、宝应县的一部分,以及淮安市淮安区和盐城市阜宁县的一部分,基本由现状排灌体系和高程 2.5m 等高线以上综合确定。

1.1.3 指导思想与基本原则

1)指导思想

根据 2011 年中央一号文件《中共中央 国务院关于加快水利改革发展的决定》、2012 年国务院出台的《国务院关于实行最严格水资源管理制度的意见》、2013 年国务院出台的《实行最严格水资源管理制度考核办法》,结合江苏省相关政策与意见,贯彻人与自然和谐发展的理念,从对水资源开发利用中的取水、用水、排水等全过程的管控和制度安排,对水资源配置、节约和保护等方面实行最严格的水资源管控目标管理,以用水总量控制指标为主要管理手段,开展区域用水量的核定与考核,实现最优化的区域水量分配,推动最严格水资源管理制度的实行,确立用水总量控制"红线",规范水资源开发利用行为,实现水资源优化配置,促进水资源的可持续利用。

2)基本原则

统筹兼顾:在考虑向省外供水情况下,按照出省优先的原则,根据规划调水规模确定优先供水;同时综合考虑江苏省内用水需求,研究原江水北调工程与新增工程的联合调度与协调方案。

等效原理:模型模拟的输入数据与水利工程集群的调度方案,以尊重事实、贴合实情为原则,遵循等效原理。

优化调配:充分考虑历史和现状用水,同时兼顾发展;坚持公平、公正;兼顾上下游、左右岸地区的利益;坚持可持续利用(以供定需)和节约用水;统筹考虑生活、生产和生态用水。

科学管理:最严格的水资源管理措施要建立水资源核定与考核机制,作为水资源主管部门管理的依据。

1.2 研 究 进 展

目前水资源短缺问题已经成为严重影响我国经济社会可持续发展的重要因素，兴建水利工程是解决上述问题的重要手段。随着水利建设的高速发展，伴随而来的工程管理已经成为亟须处理的问题。水资源调度模型是实现水利工程高效管理的重要手段，最初主要是针对水资源短缺地区的用水竞争性问题而提出，随着可持续发展概念的深入，不仅仅针对水资源短缺地区，对于水资源较为丰富的地区也应该考虑该问题。从最初的水量分配到目前协调考虑流域和区域经济、环境与生态各方面需求进行有效的水量调控，水资源调度研究日益受到重视[1-3]。目前，水资源开发利用和人类活动结合日趋紧密，影响因素逐渐增多，导致其结构更趋复杂。

跨流域调水是水资源开发利用的高级阶段，具有较高的技术含量和复杂性，也是本书的重点研究内容。跨流域调水一般是指在两个或两个以上水资源系统之间通过补偿调度所进行的空间上的水资源分配。跨流域调水系统相比一般水资源系统更为复杂，涉及的流域和水库较多，因此针对该系统的研究一般侧重于系统结构的概化处理。如何协调各用户的供需缺口，使跨流域调水系统的整体效益最优，是目前国内外诸多学者研究的重点。2005 年，Jain 等[4]对印度 4 个流域 13 个水库的跨流域调水工程进行研究，通过开采地下水以及跨流域调水等工程措施缓解研究区域内的缺水情况。2010 年，Xi 等[5]建立降水预报条件下的跨流域调度模型，以当前时段的水库蓄水量以及降水预报信息为决策变量，采用决策树的方法制定相应的调度规则，该方法与传统优化调度方法相比提高了整个调度系统的水资源利用率。2015 年，Peng 等[6]针对跨流域调度存在复杂拓扑结构以及非线性特点，采用并行粒子群优化（particle swarm optimization，PSO）算法计算该系统条件下的调水规则以及节制供水规则，与传统方法得到的调度规则相比提高了调水的有效性。我国专家学者也对此做了许多研究。1999 年，卢华友和文丹[7]以南水北调为背景建立了基于多维动态规划和模拟技术相结合的大系统分解协调实时调度模型，该模型调度运行结果合理可行。2006 年，任保华和黄平[8]基于二次规划建立了跨区域调水总量分配模型，对南水北调的实际情况进行模拟计算，该模型不仅可以用于区域间调水的优化控制，还可应用于其他水资源的分配与管理。2010 年，王国利等[9]分析了调水方案决策的多目标性与群决策性的特点，并提出了一种基于协商对策的多目标群决策模型，并将该模型应用在"引细入汤"工程上取得了较好的调度结果。2012 年，郭旭宁等[10]针对跨流域供水水库群联合调度存在的主从递阶结构，建立了适合于主从递阶结构的水库群联合调度二层规划模型，并且采用并行种群混合进化的粒子群算法提取了跨流域供水水库群联合规则，以中国北方某大型跨流域调水工程为实例证明了模型的合理性与有效性。2014 年，彭安帮等[11]针对跨流域调水条件下大规模复杂水库群优化调度的计算效率较低以及求解精度较差等问题，采用并行粒子群优化算法进行联合调度图模型的多核并行求解，实例表明，该算法是解决大规模复杂水库群优化调度的高效实用的方法。2015 年，万芳等[12]针对多水源、多用户的跨流域水库群供水联合优化调度问题，建立水库群供水系统聚合分解协调模型并利用免疫进化粒子群（immunological particle swarm optimization，IPSO）

算法对供水策略进行优化计算，以滦河流域水库群为例，证明了该模型对提高水资源利用率具有重要的理论意义和应用前景。

南水北调工程是实现我国水资源优化配置的战略性工程，是缓解北方缺水地区水资源供需矛盾，保障北方地区经济繁荣、社会发展与生态环境保护的有效途径。为了更加有效地利用该工程，诸多学者针对其优化配置展开了研究。目前对于南水北调的研究大体还是以水量调度为主。侍翰生[13]以南水北调东线江苏境内为研究背景，利用模拟技术与离散微分动态规划方法（discrete differential dynamic programming，DDDP），提出具有多决策变量的"河-湖-梯级泵站"水资源优化配置模型，该模型与常规水资源模型相比，提高了研究区整体的供水保证率。章燕喃等[14]建立多水源联合调度模型处理南水北调中线工程引水进京问题，使引水过程中达到不弃水不缺水的调度目标。宋丹丹等[15]利用产汇流、水动力学等水文理论建立流域水量模拟与配置模型，并以南水北调东线受水区为例进行研究，实现了研究区水资源的合理配置。近年来，为了保证南水北调输水过程中的供水安全，越来越多的学者开始关注南水北调水质水量联合问题。刘远书等[16]以南四湖入湖河流为研究区开展水量水质联合调度研究，建立截污导流工程水量、水质响应关系，并根据实际情况动态调整工程运行调度方案，保障南四湖输水期水质安全。张大伟[17]在水质水量联合调控模型的基础上，研究南水北调中线总干渠突发污染事件下的应急调控策略，提出了部分河道突发水污染的调控策略，模拟结果合理有效，具有实际应用价值。

综上所述，我国在跨流域调水研究中已经取得了较为显著的成果，且理论也越来越成熟。然而目前研究较偏向于水资源量的优化计算，对水资源系统中涉及的水源、用户等要素过度概化，导致某些条件下计算结果与实际情况不符，因此有必要构建一个能较为真实地反映实际调度要求的跨流域调水模型，兼顾模拟和优化技术，这对于缓解区域的水资源矛盾具有重要的实际应用价值。

1.3　研究内容

1）研究供水水源构成，追踪供水路线图，确定水源供水量

目前，南水北调新增工程与原江水北调工程同时运营，但管理体制不同，运营成本也不同，因此受水区调水水源划分与优化配置至关重要。本书开展受水区供水尤其是引长江水的去向研究，摸清引长江水、淮河水的具体行踪路线图，进行以下两个层次的水源划分：一是长江水、淮河水、本地水、地下水及水源划分；二是将南水北调新增工程和原江水北调工程作为一个系统整体研究，确定供水量后，计算出各工程系统的供水量。在调水过程来龙去脉研究基础上，结合水情、年度用水计划与用水户的实际需求，配置4类水源，合理确定不同水源的供水量，提出水源结构优化方案。

2）建立以水资源配置为抓手的南水北调（江水北调）调度导航系统

水工程集群的调度方案是水资源的供给与利用效率的主要影响因素之一。本书拟从现行和规划调度方案及水资源的需求出发，提出年度调度预案；基于供水水源结构优化、水利工程集群响应机理研究，制定结合雨情、水情、工情等多元联合的调度方案，进行

实时调度计算，尤其是洪泽湖、骆马湖、微山湖和运河、运西线河道的当时蓄水情况等；评估调度和供水需求，实时反馈调整调度方案；年度调度结束后，评估年度调度成效，提出下一年度的调度预案；通过调度预案—实时调度—调度评估—优化调度的反馈、循环过程，提高优化调度水平，从而建立以水资源配置为抓手的调度导航系统，为提出真正契合研究区实际需求且秉持节水优先精神的调度方案，实现调水工程集群高效用水优化调度方式提供技术支撑。

3）构建水资源考核技术系统

从需求侧分析，强化节水，提出需水量要求。以"以水定城、以水定产、以水定人、以水定发展"为原则，统筹考虑南水北调东中线一期工程受水区的节水状况，分析江苏省南水北调受水区的节水潜力，研究提出进一步强化节水的原则、方式、措施等，提出江苏省南水北调受水区的需水量，为实施最严格水资源管理制度，保障受水区供水提供基础。

以先节水后调水为指导方针，本书拟通过水资源利用考核技术系统的构建，为水资源高效利用提供科学依据。利用区域内各类闸站的年度实际调水量和各取水口实测水量，基于模型反算当年的区域实际用水量；按照实际用水量对区域进行水资源考核并提出考核意见；开展供需平衡评估，从总量控制、用水效率、供水条件等角度，提出供水保障的工程措施和非工程措施，全面提高用水效率。其中，本书中水量考核可细化至用水口门与重要引水口门，可为精准水资源管理提供支撑。

4）水资源调度、配置与管理信息系统的构建

设计并集成与水资源配置相关的要素空间数据模块：由于模型输入参数多且复杂，为提高模型应用的便利性，本书设计水文要素的数据模块模式，与国家标准、江苏省水文水资源勘测局数据格式接轨的同时，将闸站、河道特征等原先用文件存储的数据集成到水文空间数据模块中，实现高效的数据存储和管理，为后续水资源优化调度、配置以及管理系统的集成奠定扎实的数据基础。

基于前期供给侧与需求侧、多元反馈式调度方案等研究，进一步开展南水北调江苏受水区水资源优化调度与配置研究。设计并建立水资源配置与管理信息系统，完成水资源分区、行政分区、区段、梯级、重要口门等不同空间尺度且包括"年""季节""指定时段"多时间尺度的研究成果的集成，模型模拟的需要调试和修改的参数均设置为界面控制式，继而为各级水资源管理部门提供信息支撑。

1.4 技 术 路 线

本书研究的技术路线如图 1-1 所示，分述如下。

1）开展实地调研，收集整理数据资料

基础数据包括水文气象数据、下垫面数据、各用水行业特征及分布数据、河网数据以及水工程（群）特征及调度数据等。根据水资源开发、利用、配置、节约和管理等特点，研究基础数据分类及其属性，构建模型数据库。

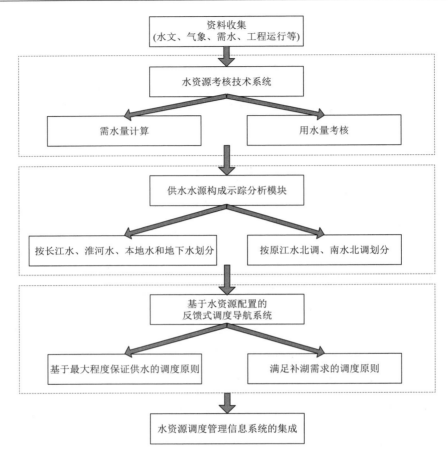

图 1-1 技术路线图

2）基于节水潜力挖掘的需水量计算

从需求侧分析，强化高效水资源利用，提出基于节水的需水量计算方式。以"以水定城、以水定产、以水定人、以水定发展"为指导方针，在实地调查和文献查询的基础上，统筹考虑江苏省南水北调受水区的节水状况，分析研究区的节水潜力，提出强化节水的具体措施，在此基础上进一步提出研究区的需水量，为实施最严格水资源管理制度，保障受水区供水提供扎实的基础。

3）用水量核定与考核

用水量的核定参考采取两套总量控制目标，分别是政府层面下达的总量控制目标和本书构建的高效供水模式下的用水总量目标。首先核定各层面的用水量状况，然后从定额类和效率类两类指标出发构建用水量考核指标体系，包括用水总量、灌溉总量、灌溉水利用系数、工业回水利用系数、人均用水量等，最后提出水资源分区、行政分区、输水干线、区段、节点等不同层面的用水考核方案。

4）基于产汇流及工程调度模拟进行水资源调配

基于前期开展的"江苏省南水北调受水区水量调配与考核关键技术研究"，进行河网概化、产汇流模拟以及水资源配置模型的建立与模拟。在此基础上，增加模型水源划分以及水利工程运行模拟功能模块。

5) 受水区供水工程集群优化调度

基于供水水源结构优化、水利工程集群响应机理研究，制定结合雨情、水情、工情等多元联合调度方案，通过调度预案—实时调度—调度评估—优化调度的反馈、循环过程，提高优化调度水平，建立以水资源配置为抓手的调度导航系统，为提出真正契合研究区实际需求且秉持节水优先精神的调度方案，实现调水工程集群高效用水优化调度方式提供技术支撑。

6) 水资源调度、配置与管理信息系统的开发

设计并集成与水资源配置相关的要素空间数据模块：由于模型输入参数多且复杂，为提高模型应用的便利性，本书设计水文要素的数据模块模式，与国家标准、江苏省水文水资源勘测局数据格式接轨的同时，将闸站、河道特征等原先用文件存储的数据集成到水文空间数据模块中，实现高效的数据存储和管理，为后续水资源优化调度、配置以及管理系统的集成奠定扎实的数据基础。

第 2 章 南水北调东线微观层面水资源调配模型

2.1 研究区概况

2.1.1 研究区范围及下垫面属性

研究区范围为南水北调东线工程规划确定的江苏省受水区范围，地理位置介于117°57′～119°34′E，32°27′～34°50′N。研究区地居长江、淮河下游，东濒黄海，西连安徽，北接山东，南部从长江下游城市扬州开始。沿线区域经过徐州、淮安、扬州、宿迁 4 个省辖市，包括淮安、宿迁、徐州、连云港的所有辖区，扬州市的江都区、高邮市、宝应县和盐城市阜宁县，其中沿运河、沿苏北灌溉总渠（以下简称总渠）自流灌区为里下河水源调整后的供水范围，涉及扬州市江都区、高邮市、宝应县的一部分，以及淮安市淮安区和盐城市阜宁县的一部分，基本由现状排灌体系和高程 2.5m 等高线以上综合确定，研究区总人口为 2400 多万人，总面积约为 43143.74km^2（包括水面面积），其中城镇道路建设用地面积为 1371.03km^2，水面面积为 5906.31km^2，水田面积为 8522.17km^2，旱地面积为 27344.23km^{2①}。整个研究区旱地面积比重最大，城镇道路建设用地比例最小。各水资源分区下垫面面积见表 2-1。

表 2-1 各水资源分区下垫面面积统计表 （单位：km^2）

分区名称	城镇道路建设用地	水面	水田	旱地	合计
里下河腹部区	113.88	681.44	1920.27	2557.50	5273.09
高宝湖区	77.38	1219.14	979.10	1858.05	4133.67
渠北区	62.18	78.60	212.51	647.70	1000.99
沂南区	166.43	360.62	1391.13	4656.44	6574.62
骆马湖上游区	253.67	577.49	944.12	3779.72	5555.00
丰沛区	103.87	200.86	356.04	2733.23	3394.00
安河区	208.20	2162.95	1171.93	4235.70	7778.78
沂北区	277.41	407.38	1094.83	5131.98	6911.60
赣榆区	76.65	108.22	305.47	917.65	1407.99
盱眙区	31.36	109.61	146.77	826.26	1114.00
合计	1371.03	5906.31	8522.17	27344.23	43143.74

---

① 数据源于《中国统计年鉴 2016》。

2.1.2 自然地理

研究区属亚热带和暖温带过渡地带，气候温和，雨量适中，具有明显的季风特征。冬季盛行偏北风，夏季盛行偏南风，受热带气旋影响，5 月下旬至 6 月下旬会出现热干风。研究区光能资源丰富，全年平均日照时数为 2000～2600h，由南向北递增。年平均气温为 14～17℃，最冷月在 1 月，平均气温为 0～4℃；最高气温出现在 7 月，平均气温为 24～28℃；地区年活动积温为 4600～6000℃。无霜期 180～240 天。

研究区多年平均降水量 700～1300mm，从南到北地区降水差异明显，由南向北递减。受季风气候影响，夏季降水集中，且多以暴雨形式出现，汛期降水量占全年的 60%～80%。但由于季风进退的迟早和强度变化不一，加之地处流域不同，年际间水量差异较大。丰水年份，上游客水压境，研究区成为洪水走廊；干旱年份，上游来水稀少，往往造成严重干旱。研究区多年平均蒸发量由南向北递增，为 900～1100mm。受温度与湿度变化的影响，5～8 月蒸发量占全年总量的 50%以上。研究区陆面蒸发分布规律与水面蒸发相反，呈现由南向北递减的变化趋势。淮河下游雨量充沛，陆面蒸发量为 800mm 左右，沂沭泗下游平原为 600～700mm。

研究区主要分布在淮河冲积平原。区域地形平坦开阔，地貌类型为丘陵、山前冲积平原、淮河冲积平原以及冲积湖积平原。淮北平原受到历史上黄河泛滥改道和夺淮的影响，自兰考经徐州至滨海的废黄河，高于两侧地面，形成淮河与沂沭泗水系的分界。淮安、徐州以及连云港一带有丘陵分布，平原之间的低洼地形成带状湖群，其中最大的是南四湖。南四湖以东及南部为中、低山丘陵。徐州附近地面高程 30m 左右，向东南逐渐降低，坡降为 1/10000～1/6000，沿运河两侧洼地最大的是骆马湖。苏北灌溉总渠以南为江淮冲积平原。里运河以东，苏北灌溉总渠、新通扬运河之间称为里下河地区，呈蝶形平原。中心地面高程不到 2m，四周地面高程 4～5m，湖荡众多，河网密布。里运河以西为白马湖、高宝湖、邵伯湖的滨湖平原，地势渐高。

研究区耕地面积 1827920hm^2，约占全区土地面积的 50%和江苏省耕地面积的 38.3%。人均耕地面积仅为 0.07hm^2，比全国平均水平还低 20%，供需矛盾十分突出。

2.1.3 社会经济

研究区属于江苏省经济发展、文化教育相对落后的地区。长期以来，由于自然和社会的多重原因，农业资源未得到充分合理的开发利用，农民经济收入增长缓慢。全区农村劳动生产力约 955.7 万人，占总人口的近 40%，人口密度 676.6 人/km^2，是全国人口密度较大的区域之一[①]。目前，随着地区农业投入进一步增加，农业生产条件得到改善，2005 年研究区农田有效灌溉面积达 137.64 万 hm^2，年末全省农业机械总动力达 1195.3 万 kW，比 1996 年末 117.2 万 kW 增长了 9 倍多。2005 年全区实现地区生产总值 3071.9 亿元。地区生产总值逐年提高，其中第一、二、三产业产值比例从 1996 年的 26∶44∶30 调整

---

① 数据来源《中国统计年鉴 2016》。

到 2005 年的 16：51：33。2005 年，地区农村居民人均纯收入 4380 元，相比全省平均值的 5493 元，处于较低水平。地区农村产业发展的不平衡引起了农村劳动力结构性供求矛盾，结构性剩余与短缺并存，第一产业劳动力有剩余，但从事农业生产广度和深度开发的劳动力不足，第二、三产业劳动力不足。劳动力文化素质较低不仅阻碍农业发展，还影响到其他产业的发展。

　　研究区光热条件充足，水资源较丰富，具有较好的发展农业种植的自然条件。但由于缺少宏观上的调控，区域有利的资源条件没有在农业生产中得到充分合理的利用。目前主要种植模式仍然为一年两熟的种植方式，种植业结构也是以"粮-经"结构为主。主要作物有水稻、小麦、油菜、棉花、蔬菜等，其中水稻是地区重要的优势作物，产量一直位居全国前列。在世界粮食危机越来越严重的环境下，研究区作为农业生产的主产区，粮食种植面积小、产量低而不稳，农业生产还以当地农民的种植习惯为主，远远不能适应现代农业发展的要求。随着生产技术的进步，水资源在农业生产中的重要作用日益凸显出来。

　　研究区水资源在种植业应用中主要存在几个突出矛盾：一是水资源不足。虽然整个研究区范围内气候湿润，河网密布，但人均水资源占有量不足 $1500m^3$，相当于全国平均水平的 1/2，世界平均水平的 1/8。二是种植结构中灌溉水的有效利用率较低。这制约着农田灌溉面积的进一步扩大和现有灌溉面积的灌溉保证程度的提高，而且因灌溉工程老化失修、管理不善和灌溉技术落后等，已开发利用的水资源浪费严重。三是常规需水较多作物生长与水资源的耦合性差。水资源在时间、空间上分布不均，地表年径流量不仅季节变化大，年际变化也比较悬殊。年径流量的 70% 以上集中在汛期 6～9 月份的几次暴雨，最小月径流量仅占年径流量的 1%～2%；研究区兴利库容小，洪水期间，水量太大，无处蓄存，加重了防洪负担，而当遇到特大干旱时，就会因外来水太少，出现无水可用的局面，水的供需矛盾仍很突出，远不能满足需水较多作物生长发育的需要，造成水资源的浪费。四是种植结构不合理。现有种植结构基本是按农民的种植习惯决定，没有考虑区域资源条件的变化特点，在一定程度上造成了资源的浪费，对地区农业的持续发展极为不利。如何调整种植结构，高效合理地利用地区水资源，实现多元高效型种植制度的转变是当今农业生产所关注的焦点。

2.1.4　分区及水系

　　研究区分区划分采用江苏省水资源评价分区体系，如表 2-2 及图 2-1 所示，共分为四级：研究范围属淮河一级区，并属王家坝至中渡、中渡以下、沂沭泗河区 3 个二级区以及蚌中区间北岸区、蚌中区间南岸区、高天区、里下河区、湖西区、中运河区、日赣区、沂沭河区共 8 个三级区和安河区、盱眙区（盱眙县）、高宝湖区、渠北区、里下河腹部区、斗北区、斗南区、丰沛区、骆马湖上游区、赣榆区、沂南区（沂南县）、沂北区共 12 个四级区。江苏省水资源分区与受水区的关系见表 2-2。

　　南水北调东线与大运河有着不可分割的联系，利用大运河作为输水河道。江苏境内，从长江下游扬州附近抽引长江水，利用里运河、三阳河、苏北灌溉总渠和淮河入江水道双线送水至洪泽湖；洪泽湖至骆马湖段，利用中运河和徐洪河双线输水；骆马湖至南四湖，由中运河输水至大王庙后，利用韩庄运河和不牢河两路送水至南四湖下级湖。江都至淮安杨庄称为里运河，里运河与苏北灌溉总渠平交。杨庄到苏鲁省界称中运河。扩大的徐州到中运河的不牢河也成为京杭大运河的一支。里运河、大王庙以南的中运河和不牢河，已达二级航道标准。苏鲁省界到南四湖下级湖称为韩庄运河，为三级航道标准，现设有台儿庄、万年闸、韩庄三个梯级。

表 2-2　江苏省水资源分区与受水区的关系表

一级区	二级区	三级区	四级区	与受水区的关系
淮河区	王家坝至中渡	蚌中区间北岸区	安河区	全部位于受水区范围内
		蚌中区间南岸区	盱眙区	全部位于受水区范围内
	中渡以下	高天区	高宝湖区	部分面积为受水区
		里下河区	渠北区	部分面积为受水区
			里下河腹部区	部分面积为受水区
			斗北区	不在受水区范围内
			斗南区	不在受水区范围内
	沂沭泗河区	湖西区	丰沛区	全部位于受水区范围内
		中运河区	骆马湖上游区	全部位于受水区范围内
		日赣区	赣榆区	全部位于受水区范围内
		沂沭河区	沂南区	部分面积为受水区
			沂北区	全部位于受水区范围内

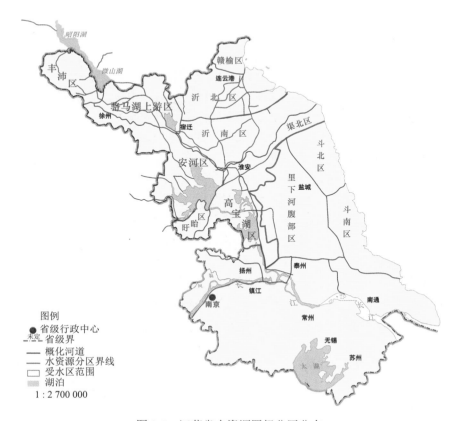

图 2-1　江苏省水资源四级分区分布

淮河流域以废黄河为界,分淮河和沂沭泗两个水系。江苏省淮河流域面积 6.53 万 km²,涉及连云港、徐州、淮安、宿迁、扬州、泰州、盐城、南通、南京 9 个市。淮河发源于河南省桐柏山区,流经洪泽湖入江或入海,干流全长 1000 余千米,王家坝以上为上游,王家坝至洪泽湖三河闸为中游,洪泽湖三河闸以下为下游。

淮河下游区位于废黄河以南,总流域面积 18.7 万 km²,在江苏境内面积 3.97 万 km²,涉及淮安、扬州、泰州、宿迁、盐城、南通、南京 7 个市。该区承受淮河上中游 15.8 万 km² 面积来水,汇集于江苏省洪泽湖,该湖总库容 135 亿 m³,洪水经调节后,分别由入江水道、苏北灌溉总渠、淮沭新河—新沂河入江入海。洪泽湖湖底高程为 10~11m,高出东部里下河地区 4~8m,成为“悬湖”,所以位于东岸的洪泽湖大堤就成了苏北里下河地区极为重要的防洪屏障。洪泽湖大堤属一级水工建筑,保护人口 2800 万人、耕地 200 万 hm²。经过多年治理,洪泽湖总泄洪能力为 13000~16000m³/s,防洪标准 50 年左右一遇。主要泄洪道为入江水道,设计流量 12000m³/s;次要泄洪道为淮沭新河—新沂河,当淮沂洪水不遭遇时分淮入沂设计流量 3000m³/s;还有苏北灌溉总渠与废黄河可泄洪 1000m³/s。已实施的入海水道工程,其设计泄洪流量为 2270m³/s,如下泄流量能达设计标准,则洪泽湖防洪标准可提高到百年一遇。

区内主要河道还有里运河、新通扬运河、通扬运河、通榆河、射阳河、黄沙港、斗龙港以及里下河腹部众多大中型河道。由于苏北灌溉总渠、里运河、通扬运河均属高水河道,受其包围的里下河腹部地区排水困难,极易受涝。区内主要湖泊除洪泽湖外,还有高邮湖、邵伯湖串联在淮河入江水道上,另有白马湖和里下河腹部多个小型湖泊。区内有中型水库 8 座,总库容 3.17 亿 m³,小型水库 204 座,总库容 2.33 亿 m³。

沂沭泗区位于废黄河以北,总流域面积 7.8 万 km²,在江苏境内面积 2.56 万 km²,涉及徐州、连云港、宿迁、盐城、淮安 5 个市。主要河流有沂河、沭河、泗河、中运河、新沂河、新沭河。沂河、沭河皆发源于山东省沂蒙山区,平行南下。沂河在刘家道口附近,分为三支,东支经彭家道口闸分沂入沭;西支经江风口闸由邳苍分洪道入中运河;干流洪水经港上入骆马湖。沭河洪水及分沂入沭来水在大官庄分为两支,东支经大官庄闸由新沭河入石梁河水库;南支经人民胜利堰闸入老沭河,在新沂市口头入新沂河。泗运河水系由南四湖、中运河及其入河支流组成。沂沭泗上游河道坡降大,洪水来得快、来得猛,峰高量大,预见期短。沂沭泗洪水主要调蓄库有南四湖、骆马湖和石梁河水库,主要入海河道为新沂河、新沭河。骆马湖洪水主要由新沂河入海,石梁河水库洪水由新沭河入海。骆马湖防洪超蓄库容为 11.5 亿 m³,遭遇 10 年一遇以上洪水时,将退守宿迁大控制和启用黄墩湖滞洪区滞洪。1957 年、1974 年该地区后发生了大洪水,1957 年黄墩湖被迫滞洪,1974 年骆马湖最高洪水位 25.47m,新沂河超标准行洪 6900m³/s,经淮河、沭新河分沂入淮流量 1170m³/s。江苏省沂沭泗流域内有大型水库 3 座,总库容 9.33 亿 m³;中型水库 10 座,总库容 2.58 亿 m³;小型水库 191 座,总库容 2.19 亿 m³。

2.1.5　省内调水工程

1)江水北调工程

江水北调工程扎根于长江,是实现江淮沂沭泗统一调度的综合利用工程。工程体系始建于 20 世纪 60 年代,抽水规模达 $400m^3/s$。通过由南至北布置的 9 个梯级泵站及总长 404km 干线输水河道,工程可覆盖保障苏中、苏北 7 市 50 县(市、区)6.3 万 km^2、300 万 hm^2 耕地、4000 万人口,向北最远可送水至徐州丰县和沛县,向东北最远可补水至连云港石梁河水库。

为解决江苏省内淮北地区水资源不足问题,实现江淮沂沭泗水系的统一调度和综合治理,江苏省政府于 20 世纪 60 年代开始建设江水北调工程,抽水规模达 $400m^3/s$。江水北调主要目的在于将原属于淮水灌溉的里下河灌区改为抽引长江水灌溉,把腾出的淮河水与多抽的长江水尽量北送,该工程扎根于长江,利用京杭大运河苏北段作为输水干河,经多级提水北送,串联洪泽湖、骆马湖、微山湖等湖泊水库,沟通长江、淮河、沂沭泗三个水系的跨流域调水工程。经过多年的努力,已形成了初具规模的调水工程体系。江水北调的干线由长江北岸江都枢纽起,沿京杭大运河至徐州市,共建成江都站、淮安站、淮阴站、泗阳站、刘老涧站、皂河站、刘山站、解台站、沿湖站 9 个梯级共 17 座泵站,总抽水能力 $1671m^3/s$,总装机容量 150MW,将江水从高程 2~3m(废黄河基面)提高到高程 32m,调水线路达 400km。设计抽水规模 $400m^3/s$,入微山湖能力 $32m^3/s$。工程所引长江水除补给大运河沿线 100 多万 hm^2 农田灌溉用水外,可 3 级翻水补给洪泽湖,6 级翻水补给骆马湖,9 级翻水补给微山湖。干线加支线,总装机容量已达 195MW。1999 年 10 月江苏省又建成了泰州引江河一期工程,增大了工程的引长江水能力,间接提高了江水北调工程输水保证率。

江水北调工程对促进江苏省北部地区工农业生产发展发挥了显著作用,社会和经济效益巨大。江苏省淮北地区的水稻面积由 13.3 万 hm^2 发展到 100 万 hm^2,徐州、淮安、连云港的粮食产量由新中国成立初期的 15 亿 kg 增长到 20 世纪 80 年代初的 120 亿 kg。据统计,仅 1990 年以来,江水北调沿线省级翻水站累计抽水量就达 1118 亿 m^3,相当于 27 个洪泽湖的蓄水量。依靠江水北调工程所抽的江水,江苏省先后战胜了淮北地区 1992 年、1994 年、1997 年、1999 年、2001 年大旱,并解决了干旱年份京杭大运河断航和电厂的用水问题,有效缓解了徐州、连云港等地的用水矛盾。此外,一些泵站还可结合抽排涝水和调水改善水环境。江水北调供水区已覆盖江苏省中部、北部 7 个市,面积 6.3 万 km^2,人口 3904 万人。

2）南水北调东线工程布局

南水北调东线工程是我国南水北调总体布局中的重要组成部分,与中线和西线一起改变我国水资源时空分布不均的现状,缓解我国北方和西北地区水资源紧缺问题。南水北调东线工程是在江苏省江水北调工程的基础上扩大规模和向北延伸,从江都抽水站和兴建的宝应站抽引长江水,主要利用京杭大运河及与其平行的河道(运西线)两条干道往北送水,并连接高邮湖、白马湖、洪泽湖、骆马湖、南四湖、东平湖,作为调蓄湖泊,逐级提水北送,向黄淮海平原北部、安徽和山东半岛供水。南水北调东线主要供水范围分为黄河以南、山东半岛和黄河以北二片。主要供水目标是解决江苏省调水线路沿线和山东半岛的城市及工业用水,改善江苏省淮北地区的农业供水条件,并在北方需要时提供部分用水。

南水北调东线工程分三期,一期工程抽水规模 $500m^3/s$,从长江至山东东平湖需设 13 个梯级(其中江苏省内有 9 个梯级)。东线一期工程江苏省境内的主要工程内容是新(扩)建 14 座泵站,改造现有泵站 4 座;疏浚扩挖河道,包括三阳河、潼河、金宝航道等;改善沿京杭大运河闸洞漏水情况,妥善处理由于洪泽湖、南四湖下级湖蓄水水位抬高而造成的负面影响；为了将目前常年由江都站抽引供给里下河自流灌区的大部分抽水量置换出来用于北调，同时常年保证宝应站抽 $100m^3/s$ 流量的站下水位和调整灌区按现状用水水平引水灌溉，实施里下河水源调整工程，扬州市江都、淮安、宿迁和徐州境内的截污导流工程等，保障输水干线的水质。经过概化，受水区的主要调蓄湖泊从南往北主要有高邮湖、白马湖、洪泽湖、骆马湖和南四湖下级湖五个湖泊。

在已建成的南水北调东线一期工程基础上，建设南水北调东线一期配套及影响工程，包括输水干线用水户取水口门完善、输水支河配套、水质保护及洪泽湖下级湖抬高蓄水位影响处理工程等，保证南水北调东线一期工程供水目标的实现；建设南水北调东线二、三期等后续工程，扩大输水河道送水及各梯级泵站提水规模，满足北调出省及省内发展用水需求。南水北调二期工程（江苏境内）：布置与一期工程相同，扩挖三阳河和潼河、金宝航道、骆马湖以北中运河 3 段河道；抬高骆马湖蓄水位；新建宝应、金湖、洪泽、泗洪二站、睢宁三站、邳州东站、刘山、解台三站、蔺家坝二站等 9 座泵站。南水北调三期工程（江苏境内）：在二期基础上，长江—洪泽湖区间增加运西输水线，洪泽湖—骆马湖区间增加成子河输水线，扩挖中运河；骆马湖—下级湖区间增加房亭河输水线，继续扩挖骆马湖以北中运河；新建滨江站、杨庄站、金湖东站、洪泽三站、泗阳西站、刘老涧、皂河三站、单集站、大庙站、蔺家坝三站等 10 座泵站。

2.2　模型的构建

2.2.1　模型模块组成与基本介绍

本书研究建立的模块包括：产流模块、汇流模块、水资源调度模块、水资源调配模块以及统计与分析模块。在五大模块之外，还有资料收集与整理、河网与用水户概化等基础工作。

1. 系统概化

研究区内河网密布，水系复杂，河道数量众多，河道规模、过水流量等相差较大，若将大小不一的所有河道作为单一河道参与模型计算，工作量会很大，甚至无法满足计算机硬件及运算时间的要求。研究区面积 4.31 万 km^2，河网密度约为 $0.027km/km^2$。大小河流成网，河网密度较大。因此，对研究区的河网水系进行系统的概化。

系统概化包括河道概化、断面概化和节点概化。其中节点概化包括闸站枢纽节点、用水户节点、管理节点、边界节点和湖泊（水库）调蓄节点。概化总原则：遵循等效原理。概化后的河道在不同水位下的流量、河道调蓄量与河道实际情况相等。概化后的河道必须满足与天然河网输水能力和调蓄能力相似、水面率相近。

1) 河道概化

（1）输水干线：输水干线是指南水北调东线一期工程向省外调水的河道和江苏省内江水北调输水骨干河道，共概化输水干线 17 条。输水干线包括向省外供水干线和省内江水北调干线两部分。包括京杭大运河（高水河、里运河、中运河、不牢河）、泰州引江河、新通扬运河（江都站—泰州引江河）、三阳河—潼河、金宝航道、入江水道（洪泽湖—三河拦河坝)、运西河—新河、徐洪河、二河、苏北灌溉总渠（洪泽湖—阜宁腰闸)、房亭河（邳州—中运河)、淮沭河、沭新河、盐河（盐河闸—新沂河)、连云港境内通榆河、房亭河（邳州站—单集站—大庙站—京杭大运河)、废黄河（淮安境内）等。这 17 条输水干线中，前 11 条干线主要为向省外调水的输水干线；后 6 条干线主要为省内江水北调输水骨干河道。干线上的调蓄湖泊主要有白马湖、洪泽湖、骆马湖和南四湖下级湖四个湖泊。

（2）输水支线：除上述南水北调输水干线外，跨县或者向多个灌区供水的输水河道共概化输水支线 7 条，包括徐州市的复新河、郑集河，连云港市的蔷薇河、善后河、叮当河、东门五图河，淮安市的张福河。

（3）其他河道和湖泊：为了研究的需要，另外增加新沂河、入江水道、总六塘河与北六塘河等河道以及高邮湖、南四湖上级湖。

2）断面概化

（1）河道断面的概化：由于研究区内河网密布，水流情况复杂，收集河道信息的工作较为困难，为了降低工作量和工作难度，本书对研究区涉及的河道断面进行概化，在尽可能不影响河网水流运动规律的前提下，模拟计算中的河网是在天然河网、湖泊的基础上进行合并、概化，相应的模拟计算结果与真实的不可能完全一致。概化河道的断面为水平底坡、梯形断面，断面在输水能力与调蓄能力两个方面与天然河网实际情况相近，均用河底宽度、河底高程、边坡系数三个参数来描述。

（2）河道的并联概化：当存在两条或更多条平行的次一级河道或支流，且距离较为接近时，可将其概化为一条河道进行分析计算。当这些平行河道具有断面资料，且首末节点相同时，也可用水力学方法，根据过水能力相同原理进行概化，河道底宽为并联概化的河道底宽之和。若这些平行河道缺乏断面资料，且首末节点并不相同，先凭经验来确定概化河道的断面参数。在模型率定阶段，做适当修改，使模拟结果更切合实际情况，如濉河和汴河概化为一条河道，新濉河和新汴河概化为一条河道。

3）节点概化

根据模型计算和管理的需要，按照现状工程和规划工程分别把河道节点概化为闸站枢纽节点、用水户节点、管理节点、边界节点、湖泊（水库）调蓄节点等。

（1）闸站枢纽节点概化。

采用《江苏省南水北调配套工程规划》成果及本书研究补充调查资料，概化前，研究区内共有船闸 77 个、水闸 536 个、泵站 423 个。这些船闸包括用水户船闸和调度船闸，水闸和泵站不仅包括参与调度的闸站和用水户取水所用的闸站，还包括城市河道冲污、排洪（涝）用的水闸、泵站等。

概化原则：枢纽是指对输水干、支线（河道、湖泊）进行调度控制的水工程设施，一般由船闸、水闸、泵站、水电站等四类水工程设施组成，其中，船闸是指耗能不耗水的调度船闸，即用水后，用过的水不离开取水干支线，取水河道的水量不会因为该船闸运行而减少，如江都船闸、淮阴船闸等。江苏省南水北调干线枢纽及闸站较多，主要枢纽有江都枢纽、淮安枢纽、淮阴枢纽和宿迁枢纽 4 座；其他具有调度控制作用的水利工程主要闸站在模型中也按"枢纽"概化处理。有些枢纽结构比较复杂，为方便计算，需对枢纽结构进行概化。概化时，为减少节点的数量，避免枢纽内部错综复杂的结构，对枢纽内部采用"打包"的办法，用首末两个节点控制。在进行模型概化节点编码时，在首末节点间，按照船闸、泵站、水闸、水电站四种装置的顺序，采用二进制思想，有该水利工程则在对应的二进制编码字符位置上赋值为1，无则赋值为0。

　　枢纽概化实例：江都枢纽，涉及实际河道里运河（高水河）和新通扬运河两条河道。江都枢纽结构较复杂，具体构造见图2-2和图2-3。江都枢纽打包明细见表2-3。

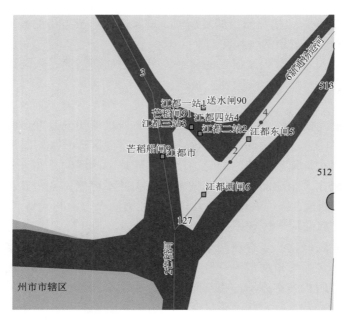

图 2-2　江都枢纽示意图

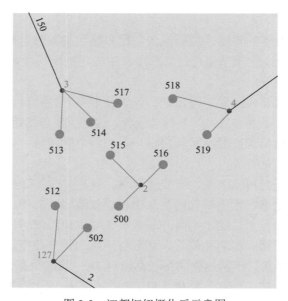

图 2-3　江都枢纽概化后示意图

表 2-3　江都枢纽打包明细表

概化干线	首节点	末节点	水工程	编码
高水河	512	513	芒稻闸	1010
高水河	512	513	芒稻船闸	
高水河	515	514	江都一站	0100
高水河	515	514	江都二站	
高水河	515	514	江都三站	
高水河	515	514	江都四站	
高水河	517	518	送水闸（江都送水闸）	1010
高水河	517	518	江都船闸	
新通扬运河	516	519	江都东闸	0010
新通扬运河	502	500	江都西闸	1110

现状工程和规划工程不完全一样，现状和规划情况下不同的闸站概化成果见表 2-4。

表 2-4　现状与规划水闸情况说明表

闸名	首节点	末节点	现状	规划
新河北闸	131	16	有	没有
新河东闸	16	15	没有	有
刘集南闸	50	134	没有	有
泗洪闸	46	47	没有	有
挡洪闸	46	144	没有	有
泗洪船闸	46	47	没有	有
善北套闸	120	122	没有	有

（2）用水户节点概化。

概化原则：根据研究目标和研究内容，为实现研究区及区内干线水资源在县（市、区）、干线重要取水口门、"三生"（生活、生产、生态）间的合理配置，需预测各县级行政区及其各行业的水资源需求，根据水资源供需平衡计算要求，将上述水资源需求预测细化到各水资源分区、干线和梯级，对南水北调干线沿线取水口、用水户分行业（农业、工业、生活、生态、船闸）按照县级行政区、水资源分区、干线、梯级口径分别进行概化。

根据用水户取用水规模和取水位置，将用水户概化为三大类：一类是节点上的用水户，包括湖泊节点、普通河道节点和对取水位置水位或者流量影响明显的大用水户节点，其中大用水户是指年取水量大于等于 1 亿 m^3 的非农用水户；二类是干线河道上的零散用水户，这些用水户虽未单独设置节点，但也一一准确概化到其取水口所在河段上；三类是不在节点和干线河道上的研究区内其他用水户，概化为面上用水户。

①农业。

农业取水口门包括水闸、泵站和取水（进水）洞三类。

按照地级市、县级市（县、区）、水资源分区、干线、用水单位（灌区或受水区）的层次，以用水单位为统计单元概化，即同市、同县、同水资源分区、同干线、同用水单位的所有农业取水口门概化为一个取水口。如同属淮安市、淮安区、高宝湖区、运西河—新河、运西灌区的黄浦进水洞、中太进水洞、镇湖进水洞、姚庄进水洞、朱庄进水洞、骆庄套闸概化为运西灌区补充水源取水口；张码洞、永济南洞（楚州）、新河洞虽属于淮安市、淮安区、高宝湖区、运西灌区，但由于从另一干线（苏北灌溉总渠）取水，因此概化为运西灌区取水口而不能并入运西灌区补充水源取水口。

农业用水户指农田灌溉用水户，主要包括两大类：一类是已被国家和江苏省承认的、登记在册的大中型灌区，称"灌区"；二类是未登记未承认的灌区，称"用水区"。农业用水户对受水区所有农业用水进行统计。农业用水户在县级行政单元划分的前提下，对登记在册的大中型灌区无须概化，一个灌区作为一个农业用水户；对于非灌区农业用水户，根据区域灌排特点、水源等条件划分为若干个受水区，一个受水区（类似一个灌区）作为一个用水户。

②工业。

按照地级市、县级市（县、区）、水资源分区、干线的层次，以取水干线分类统计概化，即同市、同县、同水资源分区、同干线的所有工业取水口门概化为一个取水口。如同属淮安市、淮安区、渠北区、京杭大运河淮安段的江苏苏盐井神股份有限公司（古运河和中运河）、江苏飞翔纸业有限公司、淮安经济开发区热电有限责任公司概化为楚州工业取水口 2；淮安市飞洋钛白粉制造有限责任公司属淮安市、淮安区、里下河腹部区、京杭大运河淮安段，由于和楚州工业取水口 2 不在同一个水资源分区，因此，单独概化为楚州工业取水口 1。

工业用水户按高耗水行业、一般工业和火（核）电分别进行统计。工业用水户一般有集中供水和自备水源两种取水方式。集中供水的工业用水户包括建设了专门工业水厂的各类工业区（开发区）及在生活用水户中统计的自来水厂（已在生活用水户中统计），统计指标包括取水地点、供水规模、供水范围、供水量等。工业自备水源指企业自身建设取水工程用于企业生产，包括电厂、大型石化、钢铁等企业。在干线上取水的工业自备水源都需统计，不在干线取水的工业自备水源只统计取水规模大于等于 1 万立方米/天的用水户。统计指标包括取水地点、产值、供水规模、供水量等。工业用水户按县级市（县、区）行政分区进行概化，一个县级市（县、区）不管在多少条干线上取水，不管分布在哪个水资源分区，最后都概化成一个用水户。如扬州市的江都区受水区内工业用水户只在干线里运河（京杭大运河扬州段）上取水，则概化成一个江都工业用水户。上述楚州工业取水口 1 和楚州工业取水口 2，尽管在不同的水资源分区，也概化成一个楚州工业用水户，但在不同的取水口取水。淮安市的清浦区工业用水户有从京杭大运河淮安段取水的，有从苏北灌溉总渠取水的，也有从二河取水的，仍然概化成一个清浦工业用水户。工业用水户节点概化如图 2-4 所示。

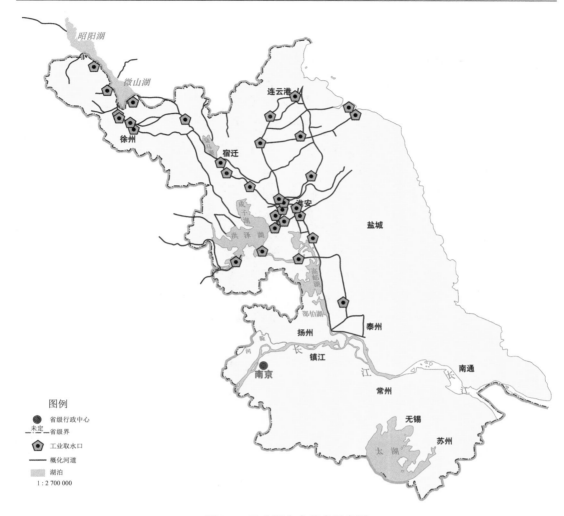

图 2-4　工业用水户节点示意图

③生活。

生活取水口门概化方法同工业取水口门，按照地级市、县级市（县、区）、水资源分区、干线的层次，以取水干线分类统计概化。

生活用水户按城镇生活用水户和农村生活用水户统计。城镇生活用水户主要是自来水厂集中供水，需调查统计城镇、农村自来水厂的取水地点、供水规模、供水范围、供水量（按居民生活、工业、服务业、生态等分别统计）、供水人口（按城镇、农村分别统计）。农村生活用水户主要是手摇井、集雨等方式的分散供水。生活用水户节点概化如图 2-5 所示。

生活用水户概化方法同工业用水户，按照县级市（县、区）行政分区进行概化，一个行政分区概化成一个用水户。

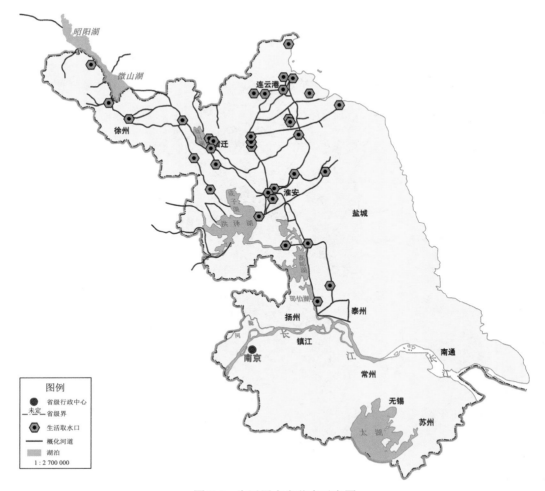

图 2-5　生活用水户节点示意图

④生态。

生态用水户主要指为城镇绿化、城镇环境卫生、河道冲污等生态用水，这里主要对城区河道冲污水量进行概化。

生态取水口门根据具体情况，按照县级市（县、区）行政分区进行概化，原则上一个行政分区概化成一个取水口。

生态用水包括河道外和河道内两部分。河道外生态用水主要体现在城镇绿化用水，这部分水量一般是自来水厂集中供水，已统计在生活用水中（但水量是分开统计的）。河道内生态用水主要体现在两个方面：城区河道冲污水量，这部分水量根据河道断面尺寸、水位估算；输水干支线河道内生态水量，这部分水量采用生态水位估算，生态水位的确定主要依据《南水北调东线第一期工程可行性研究总报告》中已明确的输水干支线生态水位（渠化水位）；对于《南水北调东线第一期工程可行性研究总报告》中没有明确的河道生态水位，则根据本次调查的航运船闸设计最低通航水位来制定，并参考江苏省水资源综合规划生态需水量研究专题成果。生态用水户节点概化如图 2-6 所示。

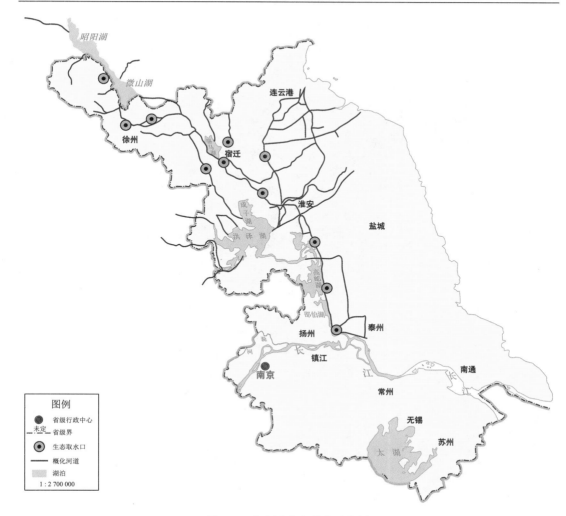

图 2-6　生态用水户节点示意图

⑤船闸。

研究区涉及船闸数量较多需要进行简化处理，船闸取水口按照"一处一个"的方法进行概化。"一处一个"是指具有（或近似具有）同一闸上水位和闸下水位的所有船闸概化为一个取水口门，如皂河船闸、皂河二线船闸和皂河三线船闸概化为一个皂河船闸取水口。其他船闸取水口无须概化，分别一一列出。

此处船闸用水户不同于枢纽中的船闸，是指耗能耗水的船闸，该类型船闸运行后使干线输水量减少，即消耗干线水量的船闸，如邵伯船闸、盐邵船闸等。

船闸用水户和船闸取水口相对应，也是按照"一处一个"的方法进行概化，如皂河船闸、皂河二线船闸和皂河三线船闸概化为一个皂河船闸用水户。其他船闸用水户无须概化，分别一一列出。船闸用水户节点概化如图 2-7 所示。

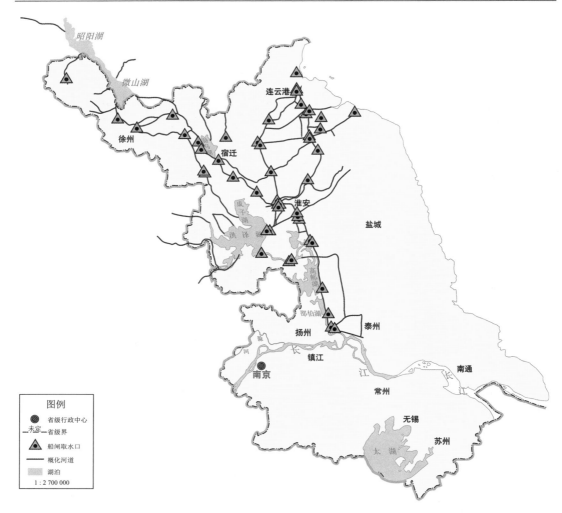

图 2-7　船闸用水户节点示意图

　　概化后，一个用水户可能对应多个取水口，一个取水口也可能对应多个用水户，同一用水户节点或者河道可能不只有上述五类用水户中的一类。因此为了模型计算需要，需把河网概化节点间的 5 类用水户进行合并，用"打包法"将其概化为一个用水户节点。采用 5 位二进制编码进行编码，若概化的同一个用水户节点上有五类用水户之一，则将该类用水户对应的编码位置赋值为 1，否则为 0。五位二进制编码依次分别代表农业用水户、工业用水户、生活用水户、生态用水户和船闸用水户。

　　以上五类用水户概化成果如下。

　　概化前实际数据：参考《江苏省南水北调配套工程规划》成果及项目调研过程中新收集的资料，研究区输水干线基准年（2005 年）实际存在用水户 339 个，其中：农业用水户 106 个（大型灌区 33 个、中型灌区 43 个、受水区 30 个），工业用水户 100 个，生活用水户 49 个，生态用水户 13 个，船闸用水户 71 个；研究区现状共有取水口 887 个，其中：农业取水口 654 个，工业取水口 100 个，生活取水口 49 个，生态环境取水口 13 个，船闸取水口 71 个。

研究区输水干线规划年（2020 年）实际存在用水户 364 个，其中：农业用水户 106 个（大型灌区 33 个、中型灌区 43 个、受水区 30 个），工业用水户 101 个，生活用水户 73 个，生态用水户 13 个，船闸用水户 71 个；研究区规划共有取水口 912 个，其中农业取水口 654 个，工业取水口 101 个，生活取水口 73 个，生态取水口 13 个，船闸取水口 71 个。

根据研究区范围，按上述概化原则对农业、工业、生活、生态、船闸 5 类取水口和用水户分基准年（2005 年）和规划年（2020 年）进行概化。为了降低模型的复杂度，本书利用模型相同单元概化的方法将相近用户进行"打包"处理，经概化后，用户基本情况如下。

对于基准年，研究区现状共有取水口 211 个，其中农业取水口 124 个，工业取水口 33 个，生活取水口 20 个，生态取水口 11 个，船闸取水口 23 个；共有用水户 170 个，其中农业用水户 99 个，工业用水户 23 个，生活用水户 14 个，生态用水户 11 个，船闸用水户 23 个。

对于规划年，研究区规划共有取水口 211 个，其中农业取水口 111 个，工业取水口 32 个，生活取水口 34 个，生态取水口 11 个，船闸取水口 23 个；共有用水户 175 个，其中农业用水户 92 个，工业用水户 24 个，生活用水户 25 个，生态用水户 11 个，船闸用水户 23 个。概化后个数统计详见表 2-5 和表 2-6。

表 2-5　研究区输水干线概化用水户个数统计表　　　　　　（单位：个）

县（市、区）	农业		工业		生活		生态		船闸	
	基准	规划	基准	规划	基准	规划	基准	规划	基准	规划
宝应	2	2	1	1	1	1	1	1	2	2
连云港城区	1	1	1	1	1	1	0	0	0	0
淮安	3	3	1	1	0	0	0	0	1	1
东海	4	2	1	1	0	1	0	0	0	0
丰县	4	4	1	1	0	0	0	0	1	1
阜宁	2	0	0	0	0	1	0	0	0	0
赣榆	1	0	1	1	0	0	0	0	2	2
高邮	1	1	0	0	1	1	1	1	2	2
灌南	6	4	1	1	0	1	0	0	2	2
灌云	6	5	1	1	0	1	0	0	4	4
洪泽	1	1	1	1	1	1	0	0	1	1
淮阴	3	3	1	1	2	2	0	0	2	2
贾汪	3	3	1	1	0	0	1	1	0	0
江都	1	1	1	1	1	1	1	1	2	2
金湖	3	3	1	1	1	1	0	0	0	0
涟水	4	4	1	1	1	1	0	0	0	0
沛县	4	4	1	1	0	1	0	0	0	0
邳州	4	4	1	1	0	1	0	0	1	1

续表

县（市、区）	农业		工业		生活		生态		船闸	
	基准	规划	基准	规划	基准	规划	基准	规划	基准	规划
清浦	2	2	1	1	0	0	0	0	0	0
沭阳	8	9	0	1	0	1	1	1	1	1
泗洪	2	2	0	0	0	1	0	0	0	0
泗阳	3	3	1	1	1	1	1	1	0	0
睢宁	6	6	0	0	1	1	1	1	1	1
铜山	7	7	1	1	0	1	0	0	0	0
新沂	5	5	0	0	0	1	1	1	1	1
宿城	3	3	1	1	2	2	1	1	0	0
宿豫	3	3	1	1	0	0	0	0	0	0
盱眙	6	6	1	1	0	0	0	0	0	0
徐州市区	1	1	1	1	1	1	1	1	0	0
合计	99	92	23	24	14	25	11	11	23	23

表 2-6　研究区输水干线概化取水口个数统计表　　　　（单位：个）

县（市、区）	农业		工业		生活		生态		船闸	
	基准	规划	基准	规划	基准	规划	基准	规划	基准	规划
宝应	3	3	1	1	1	1	1	1	2	2
连云港城区	1	1	1	1	1	2	0	0	0	0
淮安	6	4	2	2	0	0	0	0	1	1
东海	4	2	1	1	1	2	0	0	0	0
丰县	4	4	1	1	0	0	0	0	1	1
阜宁	2	1	1	1	0	1	0	0	0	0
赣榆	1	0	0	0	1	2	0	0	2	2
高邮市	1	1	0	0	1	1	1	1	2	2
灌南	6	4	1	1	0	1	0	0	2	2
灌云	6	5	2	2	2	4	0	0	4	4
洪泽	2	2	2	2	1	1	0	0	1	1
淮阴	8	7	2	2	2	2	0	0	2	2
贾汪	3	3	1	1	0	0	1	1	0	0
江都	1	1	1	1	1	1	1	1	2	2
金湖	3	3	1	1	1	1	0	0	0	0
涟水	6	4	1	1	1	1	0	0	0	0
沛县	4	4	1	1	0	1	1	1	0	0
邳州	6	6	1	1	0	1	0	0	1	1
清浦	5	5	3	3	1	1	0	0	0	0

县（市、区）	农业		工业		生活		生态		船闸	
	基准	规划	基准	规划	基准	规划	基准	规划	基准	规划
沭阳	8	9	1	0	1	2	1	1	1	1
泗洪	2	1	0	0	0	1	0	0	0	0
泗阳	4	4	1	1	1	1	1	1	0	0
睢宁	7	7	0	0	1	1	1	1	1	1
铜山	9	9	2	2	0	1	0	0	0	0
新沂	6	6	0	0	0	1	1	1	1	1
宿城	4	4	1	1	1	1	1	1	0	0
宿豫	3	3	1	1	1	2	0	0	0	0
盱眙	7	6	1	1	0	0	0	0	0	0
徐州市区	2	2	3	3	1	1	1	1	0	0
合计	124	111	33	32	20	34	11	11	23	23

　　概化后共有 8 个大用水户，共设置 7 个大用水户节点（邵伯船闸和邵伯复线船闸的取水节点编码相同）。大用水户只是针对工业用水户、生活用水户、生态用水户、船闸用水户而言。大用水户概化成果见表 2-7。

表 2-7　大用水户节点表

节点编码	农业	工业	生活	生态	船闸	用水户编码
211				1		00010
212					1	00001
213					1	00001
214			1			00100
215		1				01000
216			1			00100
217			1			00100

（3）管理节点概化。

　　根据管理需要在同一条河道（河段）穿过的两个不同的县级行政区（县、市、区）之间或者两个不同的水资源四级分区之间设置管理节点，便于水资源的控制与调配。共概化 66 个行政管理节点，12 个四级水资源分区管理节点。

（4）边界节点概化。

　　根据研究区的入、出河流分布、水流流向、边界控制测站属性、资料可获得性以及研究需要，共概化 29 个边界节点，其中 8 个边界节点具有资料基础。边界节点见表 2-8。边界节点概化如图 2-8 所示。

表 2-8　边界节点概化成果表

节点编码	节点特征	节点类型	进入类型	常流量或常水位	入出属性
N62	港上入骆马湖流量（沂河入流）	Q	W	0	1
N64	沱河包浍河入流双沟流量	Q	W	0	1
N88	新汴河与新濉河入流	Q	W	0	1
N108	安峰山水库	Q	W	0	1
N63	濉河与汴河入流	Q	W	0	1
N66	淮干入流	Q	W	0	1
N67	池河入流	Q	W	0	1
N203	向山东省供水	Q	W	0	2
N201	向安徽省供水	Q	W	0	2
N54	下级湖 28 条湖东入湖河流	Q	W	0	1
N549	沭河新安，当作塔山闸闸上	Q	W	0	1
N559	复新河丰城闸（闸上游）	Q	W	0	1
N204	天长入高邮湖	Q	W	0	1
N75	临洪	Z	L	0	2
N85	善后河闸	Z	C	1	2
N82	东门（河）闸	Z	C	1.9	2
N157	小潮河滚水坝	Z	C	1.4	2
N156	灌北泵站	Z	C	2.8	1
N9	潼河	Z	L	0	2
N84	瑶河闸	Z	C	15.2	1
N149	侯阁闸	Z	C	37.5	2
N8	宜陵闸（闸上游）	Z	L	0	2
N557	二河新闸下	Z	C	5.6	2
N171	废黄河出流，滨海闸（闸上游）	Z	L	0	2
N172	阜宁腰闸下游，六垛南闸	Z	L	0	2
N154	北六塘河闸出流	Z	C	2.5	2
N560	湖西河道入上级湖（不含复新河和大沙河）	Q	W	0	1
N561	大沙河夹河闸（闸上游）	Q	W	0	1
N33	邳苍分洪道	Q	W	0	1

注：Q 为出流量，W 为逐日流量，C 为常流量，Z 为水位节点，L 为逐日水位；1 为入流，2 为出流；后同。

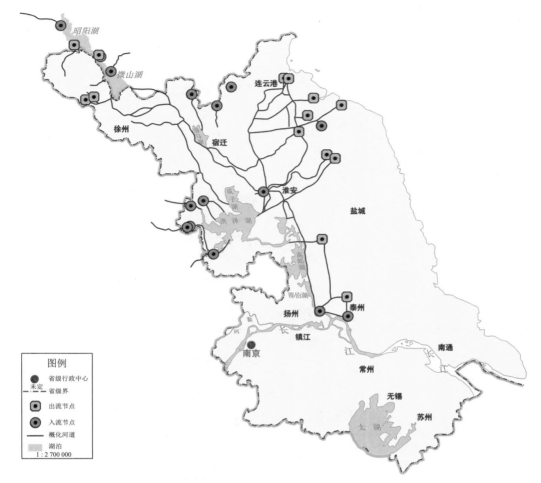

图 2-8　边界节点概化示意图

（5）湖泊（水库）调蓄节点概化。

研究区起调蓄作用的湖泊主要有白马湖、洪泽湖、骆马湖、南四湖和高邮湖。根据研究的需要，按照其水位库容曲线将它们处理成零维的调蓄节点。

以上节点概化成果汇总如下。

①边界节点：入流节点和出流节点两类。

②控制节点和管理节点：包括涵闸（洞）、泵站、船闸、水电站和普通河道节点及县级行政交界节点、水资源四级分区交界节点。其中水资源四级分区交界节点作为模型计算的基础，县级行政区交界节点用于用水总量控制和考核。本书在研究区范围内选取了34 个水文站作为验证水文站。

③用水户和取水口门：包括工业、农业、生活、生态、船闸五类，概化结果见表 2-9～表 2-11。

表 2-9　概化结果表（一）　　　　　　　　　　　（单位：个）

概化项目	概化结果
参与调度的闸、泵	177
船闸	77
普通河道节点	264
河道数	171
县级行政管理节点	66
水资源管理节点	12
边界节点	31
水文监测点	34
行政断面	63
水资源分区	10
调蓄节点	4

表 2-10　概化结果表（二）　　　　　　　　　　（单位：个）

农业取水口		工业取水口		生活取水口		生态取水口		船闸取水口		合计	
现状	规划	现状	规划	现状	规划	现状	规划	现状	规划	现状	规划
124	111	33	32	20	34	11	11	23	23	211	211

表 2-11　概化结果表（三）　　　　　　　　　　（单位：个）

农业用水户		工业用水户		生活用水户		生态用水户		船闸用水户		合计	
现状	规划	现状	规划	现状	规划	现状	规划	现状	规划	现状	规划
99	92	23	24	14	25	11	11	23	23	170	175

2. 模型的建立流程

1）下垫面分类

不同下垫面具有不同的产流规律，因此下垫面的分类对于产流量模拟十分重要。但是在模拟计算过程中不能按照"全国土地利用现状"分类系统中的分类，因为按该分类不仅资料难以取得，而且水文产流模型也很难反映各下垫面之间的差别。综合区分不同下垫面之间的差异以及水文模型的可实现性，并且为了和传统水资源估算方法有较好的可比性，把下垫面分成 4 类：水面、水田、旱地和城镇道路分别构建模型。

2）产流模型

（1）水面产流：逐日水面产流 R_1（日平均净雨深）为日降水量与日蒸发量的差。计算如下：

$$R_1 = P - \beta E \tag{2-1}$$

式中，P 为日平均降水量，mm；R_1 为日平均净雨深，mm；E 为日蒸发量（E601 型蒸发皿蒸发量），mm；β 为水面蒸发折算系数（$\beta=$ 水面蒸发量/E601 型蒸发皿蒸发量）。

（2）水田产流：根据相关资料，水稻整个生长期分为秧田期、泡田期和生育期。水稻生育期间采用水田产流模式。水稻生育期以外的其他时间段内，采用其他产流模式，其中泡田期产流按照水面产流模式计算；生育期水稻收获至来年水稻播种泡田期间产流按照旱地产流模式计算。

确定各分区水稻的生育期，水稻生育期通常分为 6 个时间段：返青期、分蘖期、拔节孕穗期、抽穗扬花期、乳熟期和黄熟期。根据水稻生育期的需水过程及水稻田适宜水深上下限、耐淹水深等因素，逐日进行水量计算，推求水田产流过程，具体如下：

$$H_2 = H_1 + P - \alpha \times \beta \times E - f \tag{2-2}$$

$$\begin{aligned}
H_2 \geqslant H_\mathrm{p}: & \quad R_2 = H_2 - H_\mathrm{p} \\
H_\mathrm{u} < H_2 < H_\mathrm{p}: & \quad R_2 = 0 \\
H_\mathrm{d} < H_2 < H_\mathrm{u}: & \quad R_2 = 0 \\
H_2 \leqslant H_\mathrm{d}: & \quad R_2 = H_2 - H_\mathrm{u}
\end{aligned}$$

式中，α 为水稻各生长期的需水系数；P 为日平均降水量，mm；β 为水面蒸发折算系数（水面蒸发量/E601 型蒸发皿蒸发量）；H_1 为时段初水稻田水深，mm；H_2 为时段末水稻田水深，mm；H_p 为各生长期水稻耐淹水深，mm；H_u 为各生长期水稻适宜水深，mm；H_d 为各生长期水稻适宜水深下限，mm；f 为水稻田日渗透（漏）量，mm；R_2 为水稻田日产水量，mm。

水稻田日产水量计算取决于排灌原则。排水量即产水量为正值，灌水为负值。实际计算模拟中，在水稻生育期内，若水稻田水深大于水稻最大耐淹水深，产流为正值，则产流至最大耐淹水深；若水稻田水深小于水稻适宜水深下限，产流为负值，则进行灌溉，灌溉至适宜水深。

苏北部地区以单季稻为主，在水稻生育期内，根据有关研究，一定比例的水田渗漏量由降水引起，分析水稻生育期内多年平均灌溉水量，其中降水引起的占 1/3，降水引起的这部分渗漏量应作为回归水量计入水田的产水量。但是不同地区的土壤性质等不同，通南沿江区以南地区，降水量造成的水田渗漏量的 1/3 全部作为回归水量计入水田产流量；总渠以北地区降水引起水田渗漏量的 1/2 还原为水田产流量，即上述比例取 1/6；通南沿江区以北的土壤为高沙土地区，降水引起的水田渗漏量比例与总渠以北地区相同，上述比例同样取 1/6。

（3）旱地产流：研究区主要为平原水网地区，水面、水田所占比重较大。研究区在汛期地下水埋深较浅，土壤含水量较高，且易得到补充，因此对于旱地产流量可用单层蓄满产流模型来计算。

$$W_\mathrm{b} = W_\mathrm{m} \times 1.2 \tag{2-3}$$

$$W_\mathrm{MM} = W_\mathrm{M} \times (1 + B) \tag{2-4}$$

$$A = W_\mathrm{MM} \times \left[1 - \left(1 - \frac{W}{W_\mathrm{M}} \right)^{\frac{1}{(1+B)}} \right] \tag{2-5}$$

当 $W > W_M$,

$$E_E = K \times E \tag{2-6}$$

$$\tag{2-7}$$

否则, 当 $P - E_E \leqslant 0$,

$$E_E = K \times E \times \frac{W}{M_U}$$

$$R_3 = 0$$

$$R_{3下} = 0$$

当 $P + W \geqslant W_b$,

$$R_3 = P - E_E - (W_b - W) \tag{2-8}$$

$$R_{3下} = W_b - W_m \tag{2-9}$$

当 $W_m \leqslant P + W \leqslant W_b$,

$$R_3 = P - E_E - (W_b - W) \tag{2-10}$$

$$R_{3下} = P - E_E + W - W_m \tag{2-11}$$

当 $P + W < W_m$,

$$R_3 = P - E_E - (W_b - W) + W_m \times \left(1 - \frac{P - E_E + A}{W_{MM}}\right)^{(1+B)} \tag{2-12}$$

$$R_{3下} = P - E_E - R_3 - (W_b - W) + W_m \times \left(1 - \frac{P - E_E - R_3 + A}{W_{MM}}\right)^{(1+B)} \tag{2-13}$$

式中, P 为日平均降水量, mm; K 为蒸发折算系数; W 为初始时刻的土壤含水量, mm; E 为雨期时段蒸发量, mm; A 为土壤前期含水量, mm; W_M 为流域平均蓄水量, 即土层最大可能的缺水量, mm; E_E 为旱地蒸发量, mm; W_{MM} 为蓄水容量曲线的最大值, mm; B 为蓄水容量曲线指数; W_b 为饱和含水量, mm; W_m 为田间持水量, mm; R_3 为旱地地表日净雨深, mm; $R_{3下}$ 为旱地地下日净雨深, mm。

模型的旱地产流模块中, 以饱和含水量和田间持水量为界线划分地表与地下产流。经过改良, 成功划分出地表径流与地下径流, 解决了旱地产流水源划分的技术难题。

(4) 城镇道路产流: 从产流角度将城镇道路用地下垫面分为透水层、具有填洼的不透水层和不具有填洼的不透水层 3 类。透水层主要由城镇中的绿化地带组成, 其特点是有植物生长; 道路、屋顶等为具有填洼的不透水层, 利用坑洼或下水道管网等进行调蓄; 其他为不具有填洼的不透水层。在模拟计算过程中不能按照《土地利用现状分类》(GB/T 21010—2017)中把下垫面分得那样详细, 本书把城镇道路用地作为城镇道路来处理, 特点是透水性较差, 模型中综合考虑其径流系数。降水产流可简单地表示为

$$R_4 = \varphi P \tag{2-14}$$

式中, R_4 为城镇道路的日净雨深, mm; φ 为径流系数。

(5) 分区总产流量计算: 采用不同的产流模型, 分别计算上述四种下垫面类型的产流过程, 再分别乘以各区的水面、水田、城镇道路和旱地所占的面积, 最后求和, 求出各分区的产流量。

$$R = (f_1 R_1 + f_2 R_2 + f_3 R_3 + f_4 R_4) \times 10^3 \tag{2-15}$$

式中，f_1、f_2、f_3、f_4 和 R_1、R_2、R_3、R_4 分别为水面、水田、旱地、城镇道路的所占面积（km^2）和产流深（mm）；R 为该区总产流量，m^3。

3. 汇流模型

1）用水户处理

（1）面上用水户。不在干线取水的用水户，该类用水户没有概化到干线上，记为面上用水户，其需水记为面上需水。其处理方法为：以县级行政分区套水资源四级分区为单元，将计算单元的面上需水量换算成"面上平均水深"，参与河网汇流计算时在汇流之前扣除。

（2）河道用水户。对在河道取水的用水户作如下处理：根据取水口所在的河道，把需水量换算成单位河长的流量，作为该河道的旁侧出流，参与计算。

（3）节点用水户。河道节点：对在模拟节点取水的节点作如下处理，根据用水户所在的节点，把取水量换算成流量单位，在节点水量平衡中加以考虑。湖泊节点：把取水量换算成时段水量，在湖泊水量平衡中加以考虑。

2）边界条件

研究区经概化后，共有 30 个边界条件，其中有 18 个流量边界、11 个水位边界、1 个漫水闸（含滚水坝）。边界节点分为两种类型，一种是流量控制边界节点，另一种是水位控制边界节点；按照出入属性分为入流边界节点和出流边界节点。此外，还有漫水闸作为边界的情况。不同类型的边界处理方法不同。

（1）流量边界：流量边界按照流量过程线处理，作为输入、输出流量参与河网计算。18 个流量边界节点情况如表 2-12 所示。

表 2-12　18 个流量边界节点统计表

编号	节点编码	节点特征	节点类型	进入类型	入出属性
1	N62	港上入骆马湖流量沂河入流	Q	W	1
2	N64	沱河包浍河入流双沟流量	Q	W	1
3	N88	新汴河新灘河入流，泗洪新滩河	Q	W	1
4	N108	安峰山水库	Q	W	1
5	N63	濉河与汴河入流，泗洪老滩河	Q	W	1
6	N66	淮干入流	Q	W	1
7	N67	池河入流	Q	W	1
8	N203	向山东省供水	Q	W	2
9	N201	向安徽省供水	Q	W	2
10	N54	下级湖 28 条湖东入湖河流	Q	W	1
11	N549	沭河新安，当作塔山闸闸上	Q	W	1

续表

编号	节点编码	节点特征	节点类型	进入类型	入出属性
12	N559	复新河丰城闸（闸上游）	Q	W	1
13	N204	天长入高邮湖	Q	W	1
14	N171	废黄河出流，滨海闸（闸上游）	Q	W	2
15	N172	阜宁腰闸下游，六垛南闸	Q	W	2
16	N560	湖西河道入上级湖（不含复新河和大沙河）	Q	W	1
17	N561	大沙河夹河闸（闸上游）	Q	W	1
18	N33	邳苍分洪道	Q	W	1

（2）水位边界：水位边界节点包括有实测水位过程的边界节点和无实测水位过程的边界节点。有实测水位过程的直接采用实测值控制；无实测水位过程的采用多年平均值控制，然后根据模型模拟结果进行调整确定。研究区有 11 个水位边界节点，其中临洪、潼河、宜陵闸（闸上游）等为有实测水位过程的边界节点（表 2-13）。

表 2-13　11 个水位边界节点统计表

编号	节点编码	闸站名称	节点类型	进入类型	入出属性
1	N75	临洪	Z	L	2
2	N85	善后河闸	Z	C	2
3	N82	东门（河）闸	Z	C	2
4	N157	小潮河滚水坝	Z	C	2
5	N156	灌北泵站	Z	C	2
6	N9	潼河	Z	L	2
7	N84	瑶河闸	Z	C	1
8	N149	侯阁闸	Z	C	2
9	N8	宜陵闸（闸上游）	Z	L	2
10	N557	二河新闸下	Z	C	2
11	N154	北六塘河闸出流	Z	C	2

（3）漫水闸：研究区的出流边界还包括万福闸、金湾闸、太平闸等多处漫水闸（滚水坝），根据漫水闸溢流计算公式计算过流量，参与河网计算。

3）汇流计算

（1）平原汇流：研究区主要为平原地区，平原地区面积占 90%。平原地区的汇流计算尚无成熟的理论和计算方法。模拟计算中，水面汇流当日产流当日汇流；河道汇流在扣除面上用水的基础上，根据实时河道水面率和区域实时产流，动态计算各河道左右两边可汇入河道水量，采用汇流曲线法汇流，净雨量分三天汇入河网，当天汇流比例为 70%，第二天为 25%，第三天为 5%。

（2）湖泊水面汇流：湖泊采用水面直接汇流，当日产流当日汇流。

4）工程情况及其运行方式模拟

实际中河道上建有许多工程，如水闸、船闸、水电站、泵站等。在进行河网水流模拟中，首先要对这些工程的位置和规模进行正确的模拟，而且要对每个工程以及工程间的控制运行调度有正确合理的制定。

在进行河网概化时，在每条河道两端都设有节点，两条河道连接通过节点。对于有水利工程（水闸、船闸、泵站等）的河道，分别在建筑物的上游和下游设节点，每个建筑物都位于上游节点和下游节点之间，计算时，这两个节点之间的距离忽略不计，节点间水位和流量关系取决于闸站的调度运行和堰流公式（图 2-9）。根据堰流公式求得闸站过流量与该闸站调度方案确定的开闸流量进行比较，取较小值作为闸、泵的最终过流量。

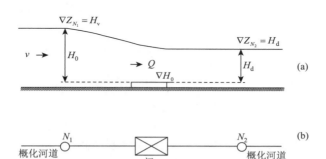

图 2-9　堰闸概化示意图

闸门开启时，根据闸上下游水位，分自由出流和淹没出流两种情况。

当 $0.8(H_v - H_0) \geqslant H_d - H_0$ 时，为自由出流：

$$Q = \mu \varepsilon B k \sqrt{2g}(H_v - H_0)\sqrt{H_v - H_0} \tag{2-16}$$

当 $0.8(H_v - H_0) < H_d - H_0$ 时，为淹没出流：

$$Q = \varphi \varepsilon B k \sqrt{2g}(H_d - H_0)\sqrt{H_v - H_d} \tag{2-17}$$

式中，g 为重力加速度（取 9.8N/kg）；Q 为过闸流量；H_v 为闸上水位；H_d 为闸下水位；H_0 为闸底高程；B 为闸孔总宽度；ε 为侧向收缩系数（取 0.9）；μ 为自由出流系数（取 0.35）；φ 为淹没出流系数（取 0.90）；k 为开闸系数。

式（2-16）和式（2-17）为非线性公式，为求解方便，先将其线性化。

对自由出流有

$$Q = \mu \varepsilon B k \sqrt{2g}(H_v - H_0)\sqrt{H_v - H_0} = C_1(H_v - H_0) \tag{2-18}$$

式中，$C_1 = \mu \varepsilon B k \sqrt{2g}\sqrt{H_v - H_0}$，其中闸上水位采用上时刻的表达式表示，直接代入河网计算公式进行求解。

同理，对淹没出流有

$$Q = \varphi \varepsilon B k \sqrt{2g}(H_d - H_0)\sqrt{H_v - H_d} = C_2(H_v - H_d) \tag{2-19}$$

式中，$C_2 = \varphi\varepsilon Bk\sqrt{2g}\dfrac{H_d - H_0}{\sqrt{H_v - H_d}}$，其中闸上、闸下水位采用上时刻的表达式表示，直接代入河网计算公式进行求解。

5）河网水流运动模拟

（1）基本方程组：天然河道常被认为做一维运动，描述在平底、梯形明渠中的河流水流运动的基本方程为圣维南（Saint Venant）方程组，该方程组由连续方程和动力方程组成。

（2）差分格式：采用普里斯曼（Preissman）四点线性隐式差分格式。

（3）差分方程组：任一条概化河道，首、末两端为节点 N_1、N_2，河段用 N 个断面划分成 $N-1$ 个河段，每个河段可以写出两个差分方程——连续方程及动力方程，建立差分方程组并求解递推系数。

（4）节点方程：根据水量平衡原理建立节点方程组。其中，节点水量平衡方程式是线性的，过闸流量是非线性的。方程组的求解采用 LU 分解法。

6）河道干枯处理

圣维南方程的假设条件之一就是河床比降小，此时，其倾角的正切与正弦值近似相等。本研究区有的河道河床比降较大，如灌南县境内的新沂河河床比降达 0.45‰。比降过大，计算过程中会出现河道干枯问题。针对河道干枯问题，模型中作如下处理：如果河段出现干枯，舍弃该河段，即不参与计算；河道不干枯时重新加入计算。

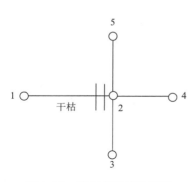

图 2-10　单节点干枯示意图

河道干枯的判断条件为首节点或末节点水深小于 0.05m。河道跳出干枯的判断条件是首末节点水位均大于 0.1m。但干枯河段还涉及边界情况等，根据不同的实际情况进行计算处理，具体如下。

（1）边界节点中仅出流边界节点有可能出现河道干枯情景。

单节点干枯，如图 2-10 所示，出流节点 1 连接的河段发生干枯情况，出流量 $Q = 0$。

若 h_1[①]<0.05m 或 h_2<0.05m，则 $Q_1 = 0$。

若节点 2 处有闸站，则 $Q_闸 = 0$；其他节点正常计算，闸站执行实际调度原则。

若 h_1>0.10m 且 h_2>0.10m，则所有闸站执行实际调度原则。

（2）单段河段干枯。单段河段干枯，如图 2-11 所示，节点 1 和节点 2 干枯河段上 $Q_闸 = 0$；其他节点正常计算，闸站执行实际调度原则。

若 h_1<0.05m 或者 h_2<0.05m，则 $Q_{闸1} = 0$，$Q_{闸2} = 0$；

若 h_1>0.10m，则节点 1 处的闸 1 开，执行实际调度原则；

若 h_2>0.10m，则节点 2 处的闸 2 开，执行实际调度原则。

---

① h_1 代表节点 1 处水深，h_2 代表节点 2 处水深，后同。

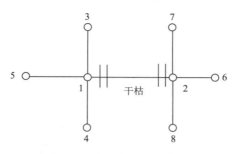

图 2-11　单段河段干枯示意图

（3）连续河段干枯。连续河段干枯如图 2-12 所示，舍弃节点 2，节点 1 和节点 3 干枯河段上 $Q_\text{闸} = 0$；其他节点正常计算，闸站执行实际调度原则。

若 $h_1 < 0.05\text{m}$ 或 $h_2 < 0.05\text{m}$ 或 $h_3 < 0.05\text{m}$，$Q_{\text{闸}1} = 0$，$Q_{\text{闸}3} = 0$；

若 $h_1 > 0.10\text{m}$，节点 1 处的闸 1 开，执行实际调度原则；

若 $h_3 > 0.10\text{m}$，节点 3 处的闸 3 开，执行实际调度原则；

若 $h_2 > 0.10\text{m}$，节点 2 重新启用。

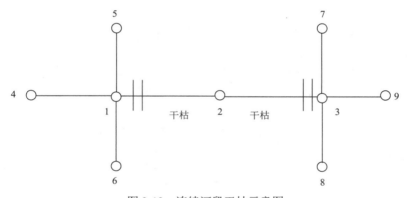

图 2-12　连续河段干枯示意图

（4）成片状河道干枯。成片状河道干枯如图 2-13 所示，舍弃节点 1，节点 2、节点 3、节点 4、节点 5 干枯河段上 $Q_\text{闸} = 0$；其他节点正常计算，闸站执行实际调度原则。

若 $h_1 < 0.05\text{m}$ 或 $h_2 < 0.05\text{m}$，$Q_{\text{闸}2} = 0$；

若 $h_1 < 0.05\text{m}$ 或 $h_3 < 0.05\text{m}$，$Q_{\text{闸}3} = 0$；

若 $h_1 < 0.05\text{m}$ 或 $h_4 < 0.05\text{m}$，$Q_{\text{闸}4} = 0$；

若 $h_1 < 0.05\text{m}$ 或 $h_5 < 0.05\text{m}$，$Q_{\text{闸}5} = 0$；

以此类推，干枯河段区域内的闸站过流量均为 0。

若 $h_2 > 0.10\text{m}$，节点 2 处的闸 2 开，执行实际调度原则；

若 $h_3 > 0.10\text{m}$，节点 3 处的闸 3 开，执行实际调度原则；

若 $h_4 > 0.10\text{m}$，节点 4 处的闸 4 开，执行实际调度原则；

若 $h_5 > 0.10\text{m}$，节点 5 处的闸 5 开，执行实际调度原则；

若 $h_1 > 0.10\text{m}$，节点 1 重新启用。

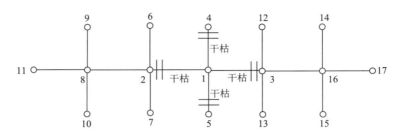

图 2-13　成片状河段干枯示意图

7）沿线输水损失

沿线输水损失量从通常意义上讲是输水（供水）过程中的沿途河道水面蒸发量和下（测）渗量，输水损失影响闸站翻水量、河道水位、出省水量、研究区供水计划制定，因此在制定、核定供水方案时应予考虑。本书主要考虑南水北调输水干线河道的输水损失，调蓄湖泊蒸发渗漏损失在计算产流过程中已经考虑，不再重复考虑。输水损失值采用《南水北调东线第一期工程可行性研究总报告》中的成果。沿线输水损失率宿迁以南取每千米 $0.10 \sim 0.115 \mathrm{m^3/s}$；宿迁以北取每千米 $0.06 \sim 0.075 \mathrm{m^3/s}$；洪泽湖以南的三阳河、潼河、金宝航道、花河、入江水道等河道，其输水水位均低于地面，且土质透水性不高，未考虑输水损失；洪泽湖以北的徐洪河、房亭河输水损失率为每千米 $0.12 \mathrm{m^3/s}$。

经模型计算，平水年（365 天）研究区沿线输水损失量约为 17.2 亿 $\mathrm{m^3}$。具体分布详见表 2-14。

表 2-14　研究区输水干线河道输水损失表

河段	河道名称	输水损失量/亿 $\mathrm{m^3}$
长江—洪泽湖	里运河	4.49
	苏北灌溉总渠	1.39
	小计	5.88
洪泽湖—骆马湖	二河	1.07
	中运河	4.01
	徐洪河	2.27
	小计	7.35
骆马湖—下级湖	中运河	1.32
	不牢河	1.58
	韩庄运河	1.07
	小计	3.97
合计		17.2

4. 供水调度模型

1）水资源调配原则

流域层面，要统一分配主水与客水，统一调整上下游、左右岸的用水矛盾；研究范围层面，平衡分析中工程调度运用要体现水资源调配原则，要优化各供水水源的供给结构和供水目标，确定水量分配中各种需求的相互关系和先后次序，提出规划年研究区及区内干线水量分配推荐技术方案。

水资源调配原则包括：①充分考虑历史和现状用水，同时兼顾发展；②坚持公平、公正；③兼顾上下游、左右岸地区的利益；④坚持可持续利用（以供定需）和节约用水；⑤统筹考虑生活、生产和生态用水；⑥供水出省优先。

在向省外供水情况下，按照出省优先的原则，根据规划调水规模确定优先供水；其他有出流控制节点的，根据出流节点的控制调度方案和出流区的需求规模调蓄计算；无出流控制节点的，根据出流区的需求规模确定。在满足某些出流节点必要的水量基础上，根据各取用水节点的需水量，计算抽引长江水量。按照调度计算原则来处理，调节分配各用水节点供水量，保证出省水量。

不考虑出省供水的情况，利用现状工程调度，出省水量不参与模型计算。

2）水资源需求计算

研究区用水户较多，用水户主要分为两类，一类是从干线取水的用水户，记为干线用水户，其需水记为干线需水；另一类用水户不在干线上取水，该类用水户没有概化到干线上，记为面上用水户，其需水记为面上需水。干线上用水户需水通过概化的口门用水户进行统计，干线用水户主要包括五大类，分别是农业用水户、工业用水户、生活用水户、生态用水户和船闸用水户，其中农业用水户需水量采用灌溉制度计算，另外四类非农业用水户需水量采用定额法进行计算。面上用水户需水量采用定额法计算。具体需水计算方式和结果将在第 3 章中详细说明。

（1）农业用水户（灌区和用水区）需求规模根据灌溉制度和灌溉面积计算，农业灌溉需水模拟中 2020 年规划水平年的灌溉水利用系数采用《江苏省水资源综合规划》中的成果，其中田间水利用系数介于 0.91～0.94，渠系水利用系数介于 0.609～0.738。

（2）生活用水户，从干线取水的生活用水户（城市自来水厂和区域供水自来水厂）需求规模根据调查的设计规模统计。不在干线取水的生活用水户需水作为面上需水，其需水量通过调查统计得到。采用定额法计算生活用水户需水量。

（3）工业用水户，从干线取水的工业用水户（自建取水工程、专门工业水厂）需求规模根据调查的设计规模统计。不在干线取水的工业用水户需水作为面上需水，其需水量通过调查统计得到。采用定额法计算工业用水户需水量。

（4）生态用水户，河道内生态用水户从干线取水，根据调查的航运船闸设计最低通航水位和自来水厂取水口设计最低水位，取二者的较大值，并参考水资源综合规划江苏省生态需水量研究专题成果确定。不在干线取水的河道外生态需水量通过调查统计得到。采用定额法计算生态用水户需水量。

（5）船闸用水户计为河道内用水，根据调查的每次开闸耗水量和平均每天开闸次数计算。采用定额法计算船闸用水户需水量。

3) 可供水量及供水优先顺序

根据河道可供水量、用水户需水量和取水口门供水能力三者来确定调度,取三者中最小值。其中河道可供水量为满足河道底水位以上的水量。

根据国民经济发展的实际需要,农业、工业、生活、生态和船闸五类用水具有不同的保证率,按照供水优先级进行供水。优先供给生活需水,工业需水次之,船闸需水第三,生态需水第四,农业需水最后。具体优先顺序如下。

生活用水户和工业用水户从河道取水时要保证河道不干枯,其他农业用水户、船闸用水户和生态用水户从河道取水后要保证河道水位不能低于河道的生态水位。

把生态水位作为供给农业需水、船闸需水和生态需水的底线,并且设定供水优先级,避免由于河道上的用水户需水量较大,控制全部满足用水户需求时,可能会造成河道干枯的情况发生,影响河道的基本生态。因此,需要确定供水优先级别,在保障河道基本生态之外的供水量,按优先级别满足相应供水。

生态水位的确定目前还没有一个明确的标准,主要参考《南水北调东线第一期工程可行性研究总报告》中的京杭大运河渠化水位、《江苏省河流生态水位成果表》和船闸最低通航水位来估算南水北调输水干支线的生态水位。如果同一条河段或者同一个节点位置有上述三种水位中的一种以上时,采用最低水位;如果上述三种水位都没有,则采用内插方法制定。

4) 供需平衡

以地级市、水资源分区、干线以及区间等不同统计口径为计算单元,根据水源、水利工程可供水量和研究区需水量进行水源、口门、河道供需平衡。如果口门规模小于需水规模,不足部分为口门缺水,否则不缺水,口门供水量为需水规模与口门规模二者中取最小值;水源量小于口门供水量,不足部分为水源缺水,否则不缺水,水源供水量为口门供水量与水源量二者中取最小值。如果某区域或者河道供水量小于需水量,统计缺水量,缺水量则通过南水北调工程进行优化调水配置补给。针对整个研究区及区内干线需水量、供水量以及缺水量分别进行供需平衡分析,并进行水资源优化配置方案的制定。

5. 水工程集群经验性调度方案的制定与解译

1) 水量调度依据

水量调度的主要依据是《中华人民共和国水法》、《中华人民共和国防洪法》、《南水北调工程总体规划》、《南水北调东线第一期工程可行性研究总报告》、《淮河洪水调度方案》(国汛〔2008〕8 号)、《沂沭泗河洪水调度方案》(国汛〔2012〕8 号)、《关于处理苏鲁南四湖地区边界水利问题的报告》(国农办字〔1980〕50 号)、《江苏省流域性、区域性水利工程调度方案》等。

2) 水工程调度原则

(1) 调度时充分利用当地径流。优先利用本地径流,本地水源不足时再考虑调水。对沿线上游来水量统一调度使用,以丰补枯,互调互济,按当地供水区用水、北调水量及湖泊蓄水次序进行水量调配。

（2）以节水和高效用水为原则进行调水。为节省抽水能源，弃水可以回灌下一级供水区。当下一级供水区出现缺水时，同时上一级湖泊或者河道水位允许时，也可以回灌下一级供水区的用水。各级湖泊和河道向上一级调水时，必须高于湖泊和河道的最低允许北调水位。

（3）制定调度方案时，整体考虑同一河道沿线的水量平衡。泄洪时，同一河道，考虑上下游闸站区间河道的汇流水量，在相近时段，上游闸站的总泄水流量应小于下游闸站的总泄水流量。当调水时，考虑沿线用水户从干线取水情况，在相近时段，同一河道上游闸站的过流量应大于下游闸站的过流量。

（4）大水面（主要指调蓄湖泊）在运行时，不能低于死水位，即洪泽湖 11.3m，骆马湖 21.0m，下级湖 31.5m；不高于最高蓄水位，即洪泽湖汛期（7～9 月）限制水位 12.5m，非汛期蓄水位 13.0～13.5m，骆马湖汛期限制水位 22.5m，非汛期蓄水位 23.0～23.5m，下级湖汛期限制水位 32.5m，非汛期蓄水位 32.5～33.5m。

（5）调度时蓄泄兼筹，从全局出发，系统考虑。上下游兼顾，局部利益服从全局利益，江水北调、淮水北调、江淮并用、南北兼顾、统一调度。

（6）调水要最大可能地满足用水户的用水需求，各级泵站运行时，抽水量不能超过其设计规模，并且要求长江总调水量最小、调水花费最少，符合实际操作情况。

3）水量调度

南水北调东线江苏境内工程水量调度分为三段：长江—洪泽湖段、洪泽湖—骆马湖段、骆马湖—南四湖段（以下水位采用废黄河高程）。

（1）长江—洪泽湖段。

该段由运河线和运西线双线输水，按照洪泽湖以北调水、当地用水分析、航运用水和洪泽湖充蓄水要求确定输水水量。

洪泽湖汛期限制水位 12.5m（蒋坝站，下同），正常蓄水位 13.5m，抽蓄控制水位 13.0m。分三个时段进行水量调度。

非汛期（2013 年 10 月～2014 年 5 月）：①洪泽湖水位高于北调控制水位，低于抽蓄控制水位时，按照洪泽湖以北调水、当地用水和洪泽湖充蓄水要求抽水北送；②洪泽湖水位高于抽蓄控制水位 13.0m，低于正常蓄水位时，按照洪泽湖以北调水和当地用水需求考虑抽水北送。

汛期（2014 年 6～9 月）：①洪泽湖水位高于北调控制水位时，视雨水情，按照洪泽湖以北调水、当地用水和洪泽湖充蓄水要求抽水北送；②农业大用水结束后，洪泽湖水位高于汛期限制水位 12.5m 时，服从防汛抗旱调度要求。

特殊枯水时段：洪泽湖水位低于北调控制水位时，利用长江—洪泽湖段各梯级泵站抽江水北送。

（2）洪泽湖—骆马湖段。

洪泽湖—骆马湖段由中运河和徐洪河双线输水。按照骆马湖以北调水、当地用水、航运用水和骆马湖充蓄水要求输水。

骆马湖汛期限制水位 22.5m（洋河滩站，下同），正常蓄水位 23.0m。抽蓄控制水位汛期为 22.5m，非汛期为 23.0m。分三个时段进行水量调度。

非汛期（2013 年 10 月～2014 年 5 月）：①骆马湖水位高于北调控制水位、低于正常蓄水位 23.0m 时，按照骆马湖以北调水、当地用水和骆马湖充蓄水要求考虑抽水北送流量；②骆马湖水位高于正常蓄水位 23.0m 时，按照骆马湖以北调水要求和当地用水需求调水出骆马湖。

汛期（2014 年 6～9 月）：①骆马湖水位高于北调控制水位，视雨水情，按照骆马湖以北调水、当地用水和骆马湖充蓄水要求考虑抽水北送流量；②农业大用水结束后，骆马湖水位高于汛期限制水位 22.5m 时，按照骆马湖以北调水要求调水出骆马湖。

特殊枯水时段：骆马湖水位低于北调控制水位时，新增装机规模抽江水量按骆马湖以北苏鲁两省的分时段城市供水比例调水出省。按照骆马湖以北调水、当地用水、骆马湖充蓄水要求逐级抽水北送；在骆马湖水位低于死水位时，考虑湖泊生态及运河航运安全，停止调水出省。

（3）骆马湖—南四湖段。

该段由韩庄运河和不牢河双线输水。根据用水需求，江苏省骆马湖以北用水主要经不牢河输送，山东省用水主要经韩庄运河输送；当其中一条线路的输水能力不能满足调水要求时，不足部分由另一条线路适量输送。

下级湖汛期限制水位 32.5m（微山站，下同），正常蓄水位 33.0m。抽蓄控制水位汛期为 32.5m，非汛期为 33.0m。北调控制水位 31.7～33.0m。分三个时段进行水量调度。

非汛期（2013 年 10 月～2014 年 5 月）：①下级湖水位高于北调控制水位、低于正常蓄水位 33.0m 时，按照下级湖以北调水、当地用水和下级湖充蓄水要求考虑抽水入下级湖，二级坝泵站北调水量由韩庄运河和不牢河各梯级泵站抽水供给；②下级湖水位高于正常蓄水位 33.0m 时，按照下级湖以北调水要求及用水预测调水出下级湖。

汛期（2014 年 6～9 月）：①下级湖水位高于北调控制水位、低于汛期限制水位 32.5m 时，视雨水情，按照下级湖以北调水、当地用水和下级湖充蓄水要求抽水入下级湖，二级坝泵站北调水量由韩庄运河和不牢河各梯级泵站抽水供给；②农业大用水结束后，下级湖水位高于汛期限制水位 32.5m 时，按照下级湖以北调水要求调水出下级湖。

特殊枯水时段：下级湖水位低于北调控制水位时，二级坝泵站北调水量由韩庄运河和不牢河各梯级泵站抽水供给。

4）调度方案制定

根据江苏省南水北调沿线水工程的实际运行和研究需要，在制定水工程调度方案时，主要从不同的时间段、控制节点或控制区域、控制条件等几个方面考虑。在时间段划分上主要分为汛期、非汛期、排涝期、非排涝期、灌溉期等；控制节点主要为闸站节点、湖泊节点等，控制区域主要为水资源分区等；控制条件主要为水位、流量、降水等。

（1）水闸调度方案制定。二河闸、三河闸等水闸，根据当前所处时间段、上下游区间闸站、调蓄湖泊及自身水位、流量确定水闸的开关条件。

（2）漫水闸（坝）调度方案制定。小潮河滚水坝、六塘河壅水闸、沂河橡胶坝和庄滩闸等漫水闸（坝），根据漫水闸溢流公式计算过流量。当所在河道水位高于坝顶高程时自然过流。

（3）泵站调度方案制定。一处的泵站和闸是配套建设的，开闸时，对应的泵站关机，并且两者的水流方向相反，根据河道、湖泊的水位等进行调度。泵站一旦开机，按照泵站设计流量运行，可以通过控制开启泵站机组个数来控制翻水量。

（4）水电站类调度方案制定。模型中对水电站调度进行单独处理，满足一定的水位条件才开机发电，并且一个机组的开机情况只有两种——全开或者全关。

（5）船闸调度方案制定。在制定船闸调度方案时，按平均每天开闸次数、船闸等级、最低通航水位、每次开闸耗水量等信息制定。根据开闸用水量和通航水位来进行调度，在河道水位满足船闸的最低通航水位前提下确定过闸水量。

2.2.2　模型功能与前期运用

模型可模拟与计算灌溉、产流、水位和流量、区域供需等情况，可输出的成果如下。

（1）灌溉。

统计口径：水资源分区、地级市、县及其各级行政分区套各级水资源分区、口门。

统计内容：水田、水浇地、菜田的灌溉定额、灌溉量、耗水量。

（2）产流。

统计口径：水资源分区、地级市、县及其各级行政分区套各级水资源分区。

统计内容：城镇道路、水面、水田、旱地。

（3）水位和流量。

节点：实时、逐日水位。

断面：实时、逐日流量。

闸站：实时、逐日翻水。

（4）区域供需情况。

类别：5 类用水户统计口径，地级市、县、干线、区段、梯级、水资源分区、口门。

时间：日、旬（10 日）、月、年。

（5）误差分析。

水位流量：实测和模拟值绝对误差、相对误差、出现时间分析。

水位优化：3 日和 5 日滑动。

2.3　供水水源构成示踪法

为了响应国务院关于最严格水资源管理制度的号召，实现水资源的高效利用，为调水工程制定精细化水价标准提供理论支持，本书提出了一种多源供水条件下的水源追踪方法。以水源划分与定量统计为手段，从优化水源结构出发，为达到水资源高效利用提供实现途径；本方法采用新增水源比例法进行水源追踪，以调水过程中不同水源从水源地出发的移动途径与占比为切入点，数字化各河道及节点的各水源比例，在水资源价值、调水工程投入、水价等评估研究领域具有广泛的应用前景，为调水工程制定精细化水价标准提供了数据支持。

本方法的计算假设前提是，出节点的水源比例是入节点水源比例的加权平均，来水均匀混合后再使用，计算比例时不考虑用水。

2.3.1 河道水源划分

1. 设置初始条件

按照本地河道,将第 1 条引入河道,第 2 条引入河道,……,第 n 条引入河道分为 n 类,即 n 个水源;分别设置上、下断面及河道蓄水量的各水源比例,本地河道中本地水占全额,第 1 条引入河道中第 1 引入水源水占全额,第 2 条引入河道中第 2 引入水源水占全额,……,第 n 条引入河道中第 n 引入水源水占全额;计算各河道上、下断面面积及河道蓄水量,推求河道蓄水量中对应各水源的比例。

（1）赋值本地河道。

本地河道上断面水源比例 $k_{1i} = 0 (i = 1, 2, \cdots, n)$,$k_{1b} = 1$;

本地河道下断面水源比例 $k_{2i} = 0 (i = 1, 2, \cdots, n)$,$k_{2b} = 1$;

本地河道蓄水量水源比例 $k_{Li} = 0 (i = 1, 2, \cdots, n)$,$k_{Lb} = 1$。

（2）赋值引入河道。

引入河道 R_j 上断面水源比例 $k_{1i} = 0 (i = 1, 2, \cdots, n, i \neq j)$,$k_{1j} = 1$,$k_{1b} = 0$;

引入河道 R_j 下断面水源比例 $k_{2i} = 0 (i = 1, 2, \cdots, n, i \neq j)$,$k_{2j} = 1$,$k_{2b} = 0$;

引入河道 R_j 蓄水量水源比例 $k_{Li} = 0 (i = 1, 2, \cdots, n, i \neq j)$,$k_{Lj} = 1$,$k_{Lb} = 0$。

式中,k_{1i}、k_{2i}、k_{Li} 分别指河道中上断面入流量、下断面出流量、河道蓄水量对应的其他水源比例;k_{1j}、k_{2j}、k_{Lj} 分别指第 j 条引入河道 R_j ($j = 1, 2, \cdots, n$) 中上断面入流量、下断面出流量、河道蓄水量对应该河道水源的比例;k_{1b}、k_{2b}、k_{Lb} 分别指河道中上断面入流量、下断面出流量、河道蓄水量对应本地水源的比例。在本实施方式中,下标 i 表示其他水源对应的相关物理量;下标 j 表示第 j 条引入河道所对应的相关物理量;下标 b 表示本地水源所对应的相关物理量。

（3）计算河道初始蓄水量。

$$上断面面积 \ A_1 = (Z_1 - Z_{01}) \times [B_1 + (Z_1 - Z_{01}) \times m_1] \tag{2-20}$$

$$下断面面积 \ A_2 = (Z_2 - Z_{02}) \times [B_2 + (Z_2 - Z_{02}) \times m_2] \tag{2-21}$$

$$河道蓄水量 \ V_0 = (A_1 + A_2)/2 L_{河长} \tag{2-22}$$

各水源的河道蓄水量 $V_{0i} = V_0 k_{Li}$,$V_{0j} = V_0 k_{Lj}$,$V_{0b} = V_0 k_{Lb}$

式中,Z_1、Z_2 分别为上、下断面水面高程;Z_{01}、Z_{02} 分别为上、下断面河底高程;B_1、B_2 分别为上、下断面河底宽度;m_1、m_2 分别为上、下断面边坡系数;A_1、A_2 分别为河道上、下断面面积;$L_{河长}$ 为河道长度;V_0 为河道蓄水量;V_{0i}、V_{0j}、V_{0b} 分别为对应水源 i、j、b 的河道蓄水量。

2. 计算河道水源比例

（1）固定引入河道水源（除本地水源外的河道水源）上、下断面以及河道蓄水量水源比例为 $k_{pi} = 0$,$k_{pj} = 1$,$k_{pb} = 0$ ($p = 1, 2, \cdots, L$)。

（2）计算上、下断面各水源入流量及旁侧入流量。

上断面各水源入流量分别为

$$W_{1i} = Q_{上} k_{1i} T \tag{2-23}$$

$$W_{1j} = Q_{上} k_{1j} T \tag{2-24}$$

$$W_{1b} = Q_{上} k_{1b} T \tag{2-25}$$

下断面各水源入流量分别为

$$W_{2i} = Q_{下} k_{2i} T \tag{2-26}$$

$$W_{2j} = Q_{下} k_{2j} T \tag{2-27}$$

$$W_{2b} = Q_{下} k_{2b} T \tag{2-28}$$

旁侧入流量为

$$W_{3b} = Q_{旁入} L_{河长} T \tag{2-29}$$

式中，$Q_{上}$、$Q_{下}$ 分别为上、下断面的单位时间流量；$Q_{旁入}$ 为单位长度的旁侧流量；$L_{河长}$ 为河段长度；T 为计算时段。其中，$Q_{上}$、$Q_{下}$、$Q_{旁入}$ 为常流量或实测流量，可查阅水文年鉴，也可运用水文模型得到模拟流量。

（3）计算河道蓄水中对应各水源蓄水量。

以 V_0 作为计算时段初河道蓄水量，已知计算时段初河道蓄水量对应各水源蓄水量分别为 $V_{0i} = V_0 k_{Li}$，$V_{0j} = V_0 k_{Lj}$，$V_{0b} = V_0 k_{Lb}$。

计算时段末对应各水源蓄水量：

$$V_{0i} = V_{0i} + W_{1i} - W_2 \tag{2-30}$$

$$V_{0j} = V_{0j} + W_{1j} - W_2 \tag{2-31}$$

$$V_{0b} = V_{0b} + W_{1b} - W_{2b} + W_{3b} \tag{2-32}$$

计算时段末蓄水量中对应各水源比例：

$$k_{Li} = V_{0i}/(V_{0i} + V_{0j} + V_{0b}) \tag{2-33}$$

$$k_{Lj} = V_{0j}/(V_{0i} + V_{0j} + V_{0b}) \tag{2-34}$$

$$k_{Lb} = V_{0b}/(V_{0i} + V_{0j} + V_{0b}) \tag{2-35}$$

（4）计算用水户用水量各水源比例。比例采用河道蓄水量各水源比例（所有出流比例均采用河道蓄水量水源比例），各水源对应的用水户用水量累计相加得到该河段用水户总用水量。

（5）计算河道输水损失量各水源比例。比例采用河道蓄水量各水源比例，各水源输水损失量累计相加得到该河段输水总损失量。

（6）判断计算出流断面各水源比例，等同蓄水量中的水源比例。

3.　直到所有河道计算结束后，计算节点平衡和下一时段入流断面各水源比例

（1）查找与节点相连的河道。

（2）累计河道所有节点各引入水源水量，混合后重新计算水源比例。

（3）将比例赋给该节点出流流入的河道上断面水源比例，河道下断面水源比例按上一时段出流比例计算。

例如：河道 1 入节点水源 + 河道 2 入节点水源（各自用水量），混合后重新计算水源

比例，并将比例赋给河道 3 和河道 4：

$$V_{0i} = V_{1i} + V_{2i} \tag{2-36}$$

$$V_{0j} = V_{1j} + V_{2j} \tag{2-37}$$

$$V_{0b} = V_{1b} + V_{2b} \tag{2-38}$$

$$K_{1i}(3) = V_{0i}/(V_{0i} + V_{0j} + V_{0b}) \tag{2-39}$$

$$K_{1j}(3) = V_{0j}/(V_{0i} + V_{0j} + V_{0b}) \tag{2-40}$$

$$K_{1b}(3) = V_{0b}/(V_{0i} + V_{0j} + V_{0b}) \tag{2-41}$$

$$K_{1i}(4) = V_{0i}/(V_{0i} + V_{0j} + V_{0b}) \tag{2-42}$$

$$K_{1j}(4) = V_{0j}/(V_{0i} + V_{0j} + V_{0b}) \tag{2-43}$$

$$K_{1b}(4) = V_{0b}/(V_{0i} + V_{0j} + V_{0b}) \tag{2-44}$$

式中，V_{1i}、V_{1j}、V_{1b} 分别为河道 1 入节点各水源用水量；V_{2i}、V_{2j}、V_{2b} 分别为河道 2 入节点各水源用水量；V_{0i}、V_{0j}、V_{0b} 分别为河道 1 和河道 2 混合后各水源用水量；$K_{1i}(3)$、$K_{1j}(3)$、$K_{1b}(3)$ 分别为出节点进入河道 3 的各水源比例；$K_{1i}(4)$、$K_{1j}(4)$、$K_{1b}(4)$ 分别为出节点进入河道 4 的各水源比例。

（4）计算节点用户的各水源用水量，并累加统计。

循环步骤（2）和步骤（3），直到所有河道与节点计算平衡。

2.3.2　湖泊水源划分

调蓄节点，考虑调蓄量的水源比例，且用水水源优先顺序按距离河道（节点）的远近程度排序，距离越远的水源越优先使用。例如，R_1、R_2、R_b 分别为第 1 引入河道水源、第 2 引入河道水源、本地水水源，R_1、R_2 均为外来水源且 R_1 比 R_2 距离远，则用水水源的优先顺序为 R_1、R_2、R_b。

下面以 R_1、R_2、R_b 的水源条件为例介绍计算过程。若 R_1 水源量大于出流量，则供水水源仅为 R_1；若 R_1 水源量少于出流量，供水水源优先使用 R_1 水源后，不足量依次取 R_2 与本地水。具体如下：

$$Q_{1\text{入}} = K_{11} \times Q_1 + K_{12} \times Q_2 + Q_{1\text{存}} \tag{2-45}$$

$$Q_{2\text{入}} = K_{21} \times Q_1 + K_{22} \times Q_2 + Q_{2\text{存}} \tag{2-46}$$

$$Q_{b\text{入}} = K_{b1} \times Q_1 + K_{b2} \times Q_2 + Q_{b\text{存}} + Q_{\text{汇}} \tag{2-47}$$

$$Q_{\text{汇}} = H_{\text{汇}} \times A_{\text{汇}} \tag{2-48}$$

$$Q_{\text{出}} = Q_3 + Q_4 \tag{2-49}$$

式中，K_{11}、K_{12} 为支流 1、2 入节点 R_1 对应水源比例；K_{21}、K_{22} 为支流 1、2 入节点 R_2 对应水源比例；K_{b1}、K_{b2} 为支流 1、2 入节点 R_b 对应水源比例；Q_1、Q_2 为支流 1、2 对应入节点流量，m^3；Q_3、Q_4 为支流 3、4 对应出节点流量，m^3；$Q_{1\text{入}}$、$Q_{2\text{入}}$、$Q_{b\text{入}}$ 为 R_1、R_2、R_b 对应入节点流量，m^3；$Q_{1\text{存}}$、$Q_{2\text{存}}$、$Q_{b\text{存}}$ 为上次用水过程储蓄水量中 R_1、R_2、R_b 对应

水量，m^3；$Q_汇$ 为汇流流量，m^3；$Q_出$ 为出流流量，m^3；$H_汇$ 为水面汇流深，m；$A_汇$ 为水面面积，m^2。

（1）$Q_{1入} < Q_出$：

$$K_{1出} = \frac{Q_{1入}}{Q_出} \tag{2-50}$$

$$K'_{2出} = \frac{Q_{2入}}{Q_{2入} + Q_{b入}} \tag{2-51}$$

$$K'_{b出} = \frac{Q_{b入}}{Q_{2入} + Q_{b入}} \tag{2-52}$$

$$Q_{2出} = K_{21} \times (Q_出 - Q_{1入}) \tag{2-53}$$

$$K_{2出} = \frac{Q_{2出}}{Q_出} \tag{2-54}$$

$$Q_{b出} = K_{b1} \times (Q_出 - Q_{江入}) \tag{2-55}$$

$$K_{b出} = \frac{Q_{b出}}{Q_出} = \frac{K'_{b出} \times (Q_出 - Q_{1入})}{Q_出} \tag{2-56}$$

$$Q_{1出} = 0, \quad Q_{2存} = Q_{2入} - Q_{2出} \tag{2-57}$$

式中，$Q_{1出}$ 为 R_1 出流流量，m^3；$Q_{2出}$、$Q_{b出}$ 为 R_2、R_b 出流流量，m^3；$Q_{2入}$ 为从长江引入的入流流量，m^3；$K_{1出}$ 为 R_1 水源比例，%；$K'_{2出}$、$K'_{b出}$ 为入节点 R_2、R_b 水源用水比例，%；$K_{2出}$、$K_{b出}$ 为出节点 R_2、R_b 水源比例，%。

$$Q_{b存} = Q_{b入} - Q_{b出} \tag{2-58}$$

如果 $Q_{b存} < 0$，则取 $Q_{b存} = 0$。

（2）$Q_{1入} > Q_出$：

$$K_{1出} = 1$$
$$K'_{2出} = 0$$
$$K'_{b出} = 0$$
$$Q_{1存} = Q_{1入} - Q_出 \tag{2-59}$$
$$Q_{2存} = Q_{2入}$$
$$Q_{b存} = Q_{b入}$$

（3）*洪泽湖出水特别处理（三河闸）*：

$$Q_{江入} = K_{江1} \times Q_1 + K_{江2} \times Q_2 + Q_{江存} \tag{2-60}$$

$$Q_{淮入} = K_{淮1} \times Q_1 + K_{淮2} \times Q_2 + Q_{淮存} \tag{2-61}$$

$$Q_{本入} = K_{本1} \times Q_1 + K_{本2} \times Q_2 + Q_{本存} + Q_汇 \tag{2-62}$$

$$Q_汇 = H_汇 \times A_汇 \tag{2-63}$$

$$Q_出 = Q_3 + Q_4 \tag{2-64}$$

$$Q_{江出(三河汇)} = 0$$

式中，$Q_{江出(三河闸)}$ 为通过三河闸出流的江水量，m³。$Q_{江入}$、$Q_{淮入}$、$Q_{本入}$ 为长江水源入流流量、淮河水源入流流量、本地水源入流流量，m³；$K_{江1}$、$K_{淮1}$、$K_{本1}$ 为 1 入节点的长江水源比例、淮河水源比例、本地水源比例，%；$K_{江2}$、$K_{淮2}$、$K_{本2}$ 为 2 入节点的长江水源比例、淮河水源比例、本地水源比例，%；$Q_{本存}$ 为本地水源存储水量，m³；$Q_{汇}$ 同前。

2.4　基于水资源配置的南水北调（江水北调）调度导航系统

　　水工程集群的调度方案是水资源的供给与利用效率的主要影响因素之一。本书从现行和规划调度方案及水资源的需求出发，提出年度调度预案；基于供水水源结构优化、水利工程集群响应机理研究，制定结合雨情、水情、工情等多元联合调度方案，进行实时调度计算，尤其是洪山湖、骆马湖、微山湖和运河、运西线河道的当时蓄水情况等；评估调度和供水需求，实时反馈调整调度方案；年度调度结束后，评估年度调度成效，提出下一年度的调度预案；通过调度预案—实时调度—调度评估—优化调度的反馈、循环过程，提高优化调度水平，从而建立以水资源配置为抓手的调度"导航"系统，为提出真正契合研究区实际需求且秉持节水优先精神的调度方案，实现调水工程集群高效用水优化调度方式提供技术支撑。具体流程如图 2-14 所示。

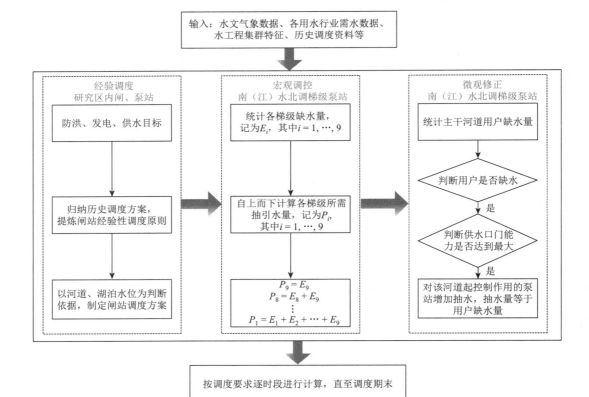

图 2-14　反馈式调度流程图

2.4.1 基于宏观调控和微观修正的反馈式调度

本书基于"江苏省南水北调受水区水量调配与考核关键技术研究",结合雨情、水情、工情等多元要素,以经验性调度为基础,在此基础上以用户缺水量为导向,制定以水资源高效利用为目标的反馈式调度方法,该方法主要分为两块,分别为以满足各梯级供水要求为目标的宏观调控和控制部分闸站以增加局部河道供水的微观修正,具体方法描述如下。

1. 经验性调度(第一轮计算:主要针对防洪、发电目标,进行闸门调度)

根据江苏省南水北调沿线水工程的实际运行和研究需要,在制定水工程调度方案时,主要从不同的时间段、控制节点或控制区域、控制条件等几个方面考虑。在时间段划分上主要分为汛期、非汛期、排涝期、非排涝期、灌溉期等;控制节点主要为闸站节点、湖泊节点等,控制区域主要为水资源分区等;控制条件主要为水位。

(1)水闸调度方案制定。二河闸、三河闸等水闸,根据当前所处时间段,上下游区间闸站、调蓄湖泊及自身水位、流量确定水闸的开关条件。

(2)漫水闸调度方案制定。小潮河滚水坝、六塘河壅水闸、沂河橡胶坝和庄滩闸等漫水闸(坝),根据漫水闸溢流公式计算过流量。当所在河道水位高于坝顶高程时自然过流。

(3)泵站调度方案制定。一处的泵站和闸是配套建设的,开闸时,对应的泵站关机,并且两者的水流方向相反,根据河道、湖泊的水位等进行调度。泵站一旦开机,按照泵站设计流量运行,可以通过控制开启泵站机组个数来控制翻水量。

(4)水电站类调度方案制定。模型中对水电站调度单独处理,满足一定的水位条件才开机发电,并且一个机组的开机情况只有两种——全开或者全关。

(5)船闸调度方案制定。船闸在制定调度方案时,按平均每天开闸次数、船闸等级、最低通航水位、每次开闸耗水量等信息制定。根据开闸用水量和通航水位来进行调度,在河道水位满足船闸的最低通航水位前提下确定过闸水量。

2. 宏观调控(第二轮计算:针对供水目标,进行梯级泵站调度)

(1)选择南水北调(江水北调)干线泵站提高供水能力。

原省控江水北调梯级泵站主要有:江都一站至四站,淮安一站至三站,石港站,淮阴一站、二站,高良涧闸站,蒋坝站,泗阳一站、二站,刘老涧站,沙集站,皂河站,刘集站,刘山北、南站,单集站。

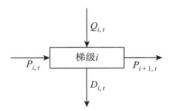

图 2-15 梯级内各变量示意图

南水北调梯级泵站主要有:宝应站,淮安四站,金湖站,淮阴三站,洪泽站,泗洪站,刘老涧二站,睢宁二站,邳州站,皂河二站,刘山站。

(2)确定预调节时间,输入预调节时间内的计算参数。

将研究区按调度的闸站分成 9 个梯级,分别统计各梯级所在区域的用户需水 $D_{i,t}$、降水所产生的径流量 $W_{i,t}$、可利用水量 $Q_{i,t}$、通过泵站向本梯级的输水量 $P_{i,t}$(图 2-15)。

（3）计算阶段缺水量，为本梯级预调水量提供依据。

本梯级的阶段缺水量计算公式为

$$E_{i,t} = D_{i,t} + P_{i+1,t} - Q_{i,t} \qquad (2\text{-}65)$$

①当 $E_{i,t} \leq 0$ 时，此时不需要考虑本梯级的供水，仅需要考虑补湖的调水，即上一梯级的泵站抽水量 $P_{i,t} = V_{i,t}$（泵站最大抽水能力）；当 $E_{i,t} > 0$ 时，此时还需要考虑本梯级的供水，即上一梯级的泵站抽水量 $P_{i,t} = V_{i,t} + E_{i,t}$。

②确认本梯级所需上一梯级提供的调水量之后，需要确定调水量是否满足泵站抽水能力要求，当 $P_{i,t} \leq P_{i,m}$（泵站最大抽水能力）时，此时按原调度计划进行抽水；当 $P_{i,t} > P_{i,m}$ 时，此时按泵站开到最大抽水能力，即 $P_{i,t} = P_{i,m}$。

③梯级 i 从 9 循环至 1，结束计算；然后转入下一阶段 $t+1$ 重新进行梯级的循环计算。

3. 微观修正（第三轮计算：对于宏观调控后部分河道缺水，进行梯级泵站调度）

当干线河道发生缺水时，此时与其有水利联系的泵站增加抽水以减少该河道的缺水损失，为了更加清楚地阐述该理论，本书截取部分南水北调闸站-河道连接图以说明情况，如图 2-16 所示（以高水河为例），当该河道直接供水的用户发生缺水时，此时增加江都站的量来缓解部分干线河道的供水压力。

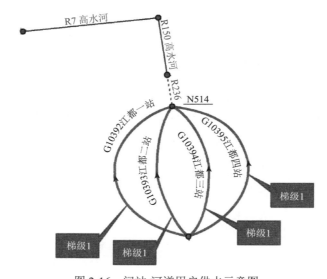

图 2-16　闸站-河道用户供水示意图

（1）第二轮计算结束后统计各干线河道的缺水情况，并标示缺水量大于 0 的，标记为河道 j，相应缺水量记为 $E'_{i,t}$。

（2）查找直接向该河道供水的梯级泵站，相应的泵站抽水量增加为

$$P_{i,t}^{(1)} = P_{i,t}^{(0)} + E'_{i,t} \qquad (2\text{-}66)$$

其中，$P_{i,t}^{(0)}$ 为第二轮计算的泵站抽水量；$P_{i,t}^{(1)}$ 为本轮计算的泵站抽水量。

（3）确认本梯级所需上一梯级提供的调水量之后，需要确定调水量是否满足泵站抽

水能力要求：当 $P_{i,t} \leqslant P_{i,m}$ 时，此时按原调度计划进行抽水；当 $P_{i,t} > P_{i,m}$ 时，此时按泵站开到最大抽水能力，即 $P_{i,t} = P_{i,m}$。

（4）干线河道逐个进行判断，利用干线上泵站增加供水能力，然后转入下一阶段 $t+1$ 重新进行循环计算。

2.4.2　以补湖为调度目标的调水原则

本书以"闲时补湖，忙时供水"为调度的指导原则，在满足供水要求后，按补库调度计划，利用调水将洪泽湖、骆马湖蓄水增加至理想状态，以满足下一阶段的供水要求。

1. 洪泽湖补水方案

1）对于全年

如果洪泽湖水位（Z）小于 11.8m，淮河上游来水的流量（Q）小于等于 500m³/s，且未来十天累计降水量（R）小于等于 5mm，则开启泵站补湖，视情况选择江水北调和南水北调工程进行抽水（主要开启江都、淮安、淮阴三个站）。即当 $Z_{洪泽湖,t} < 11.8\text{m}$、$Q_{洪泽湖,t} \leqslant 500\text{m}^3/\text{s}$、$R_{洪泽湖,t} \leqslant 5\text{mm}$，则调整原调度方案，具体如下。

（1）当 $E_{1,t} \leqslant P_{1,m}^{江水北调}$，此时江都、淮安、淮阴三处泵站按江水北调能力进行抽水，则

$$P_{1,t} \leqslant P_{1,m}^{江水北调}$$

$$V_{洪泽湖,t} = Q_{二河闸,t} + Q_{高良涧闸,t} + P_{蒋坝,t} \tag{2-67}$$

（2）当 $E_{1,t} > P_{1,m}^{江水北调}$，此时江都、淮安、淮阴三处泵站进一步启用南水北调泵站进行抽水，则

$$P_{1,t} = P_{1,m}$$

$$V_{洪泽湖,t} = Q_{二河闸,t} + Q_{高良涧闸,t} + P_{蒋坝,t} \tag{2-68}$$

2）对于非汛期（9 月至次年 5 月）

如果洪泽湖水位在 11.8m 和 13.0m 之间，淮河上游来水的流量小于等于 500m³/s 且下阶段更小，未来十天累计降水量小于等于 5mm，则开启泵站补湖；当洪泽湖水位大于 13.0m 时，此时不增加补库方案，按原调度方案执行调水计划。即：

（1）当 $11.8\text{m} \leqslant Z_{洪泽湖,t} \leqslant 13.0\text{m}$、$Q_{洪泽湖,t} \leqslant 500\text{m}^3/\text{s}$、$Q_{洪泽湖,t+1} \leqslant Q_{洪泽湖,t}$、$R_{洪泽湖,t} \leqslant 5\text{mm}$，淮安站、淮阴站按最大能力开启，则

$$P_{江都站,t} = P_{淮安站,t} + D_{1,t} \tag{2-69}$$

$$V_{洪泽湖,t} = Q_{二河闸,t} + Q_{高良涧闸,t} + P_{蒋坝,t} \tag{2-70}$$

（2）当 $Z_{洪泽湖,t} > 13.0\text{m}$，不增加补库方案，按原调度方案执行调水计划。

3）对于汛期（6 月至 8 月）

如果洪泽湖水位在 11.8m 和 12.5m 之间，淮河上游来水的流量在 500m³/s 和 800m³/s 之间且下阶段更小，未来十天累计降水量小于等于 5mm，江都站按江水北调能力开机；若淮河上游来水的流量小于等于 500m³/s 且下阶段更小，江都站增加启用南水北调泵站进行抽水。即：

当 $11.8m \leqslant Z_{洪泽湖,t} \leqslant 12.5m$ 、 $500m^3/s \leqslant Q_{洪泽湖,t} \leqslant 800m^3/s$ 、 $Q_{洪泽湖,t+1} \leqslant Q_{洪泽湖,t}$ 、 $R_{洪泽湖,t} \leqslant 5mm$,江都站按江水北调能力开启,则

$$P_{江都站,t} = 300m^3/s + D_{1,t} \quad (2\text{-}71)$$

$$V_{洪泽湖,t} = Q_{二河闸,t} + Q_{高良涧闸,t} + P_{蒋坝,t} \quad (2\text{-}72)$$

当 $11.8m \leqslant Z_{洪泽湖,t} \leqslant 12.5m$ 、 $Q_{洪泽湖,t} < 500m^3/s$ 、 $Q_{洪泽湖,t+1} \leqslant Q_{洪泽湖,t}$ 、 $R_{洪泽湖,t} \leqslant 5mm$,江都站按最大工程能力开启,则

$$V_{洪泽湖,t} = Q_{二河闸,t} + Q_{高良涧闸,t} + P_{蒋坝,t} \quad (2\text{-}73)$$

当 $Z_{洪泽湖,t} > 12.5m$,不增加补库方案,按原调度方案执行调水计划。

2. 骆马湖补水方案

1) 对于全年

如果骆马湖水位小于等于 21.3m,且未来十天累计降水量小于等于 5mm,则开启泵站补湖,视情况选择江水北调和南水北调工程进行抽水(主要开启泗阳站)。即当 $Z_{骆马湖,t} \leqslant 21.3m$ 、 $R_{骆马湖,t} \leqslant 5mm$,则调整原调度方案,具体如下。

当 $D_{4,t} + P_{5,t} \leqslant P_{4,m}^{江水北调}$,此时泗阳站按江水北调能力进行抽水,则

$$V_{骆马湖,t} = P_{皂河一站、二站,t} - P_{刘集站,t} - P_{刘山站,t} - P_{台儿庄站,t} + Q_{刘集站船闸,t} + Q_{刘山站船闸,t} + Q_{台儿庄站船闸,t} \quad (2\text{-}74)$$

当 $D_{4,t} + P_{5,t} > P_{4,m}^{江水北调}$,此时泗阳站进一步启用南水北调泵站进行抽水,则

$$V_{骆马湖,t} = P_{皂河一站、二站,t} - P_{刘集站,t} - P_{刘山站,t} - P_{台儿庄站,t} + Q_{刘集站船闸,t} + Q_{刘山站船闸,t} + Q_{台儿庄站船闸,t} \quad (2\text{-}75)$$

2) 对于非汛期(9月至次年5月)

如果骆马湖水位在 21.3m 至 22.5m 之间,且未来十天累计降水量小于等于 5mm,则开启泗阳站、刘老涧闸等补湖。即当 $21.3m \leqslant Z_{骆马湖,t} \leqslant 22.5m$ 、 $R_{洪泽湖,t} \leqslant 5mm$,此时泗阳站按江水北调能力调水,刘老涧闸全开,则

$$V_{骆马湖,t} = P_{皂河一站、二站,t} - P_{刘集站,t} - P_{刘山站,t} - P_{台儿庄站,t} + Q_{刘集站船闸,t} + Q_{刘山站船闸,t} + Q_{台儿庄站船闸,t} \quad (2\text{-}76)$$

3) 对于汛期(6月至8月)

(1)如果骆马湖水位小于 22.3m,则皂河闸、宿迁闸、刘老涧闸全开,视情况选择江水北调和南水北调工程进行抽水(主要开启泗阳站)。即当 $Z_{骆马湖,t} < 22.3m$ 、 $R_{骆马湖,t} \leqslant 5mm$,则调整原调度方案,具体如下:

当 $D_{4,t} + P_{5,t} \leqslant P_{4,m}^{江水北调}$,此时泗阳站按江水北调能力进行抽水,则

$$V_{骆马湖,t} = P_{皂河一站、二站,t} - P_{刘集站,t} - P_{刘山站,t} - P_{台儿庄站,t} + Q_{刘集站船闸,t} + Q_{刘山站船闸,t} + Q_{台儿庄站船闸,t} \quad (2\text{-}77)$$

当 $D_{4,t} + P_{5,t} > P_{4,m}^{江水北调}$,此时泗阳站进一步启用南水北调泵站进行抽水,则

$$V_{骆马湖,t} = P_{皂河一站、二站,t} - P_{刘集站,t} - P_{刘山站,t} - P_{台儿庄站,t} + Q_{刘集站船闸,t} + Q_{刘山站船闸,t} + Q_{台儿庄站船闸,t} \quad (2\text{-}78)$$

(2)如果骆马湖水位在 22.3m 和 23.0m 之间,则皂河闸、宿迁闸、刘老涧闸全开,

此时泗阳站按江水北调能力调水，即当$22.3\text{m} \leqslant Z_{骆马湖,t} \leqslant 23.0\text{m}$、$R_{骆马湖,t} \leqslant 5\text{mm}$，此时泗阳站按江水北调能力调水，皂河闸、宿迁闸、刘老涧闸全开，则

$$V_{骆马湖,t} = P_{皂河一站、二站,t} - P_{刘集站,t} - P_{刘山站,t} - P_{台儿庄站,t} + Q_{刘集站船闸,t} + Q_{刘山站船闸,t} + Q_{台儿庄站船闸,t} \qquad (2\text{-}79)$$

（3）如果骆马湖水位大于 23.0m，此时按原调度方案执行调水计划。

2.5　模　拟　验　证

2.5.1　主要站点模拟与实测对比

2007 年模拟的节点水位与实测水位对比见图 2-17 和图 2-18；2009 年模拟的节点水位与实测水位对比见图 2-19 和图 2-20。大多数站点模拟的全年水位过程与实测的水位过程拟合较好，全年水位过程变化趋势一致性较高。

根据分析，2007 年、2009 年模拟的全年日水位最高值与最低值的出现时间基本能与实测的最高值和最低值吻合，大多数节点的绝对误差在 0.5m 上下，70%左右的对比值相对误差在 10%以下。

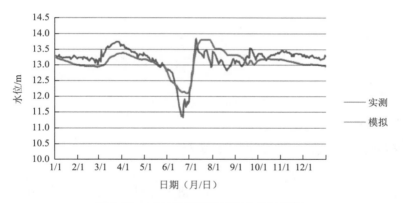

图 2-17　2007 年洪泽湖逐日水位过程图

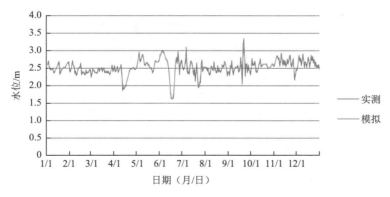

图 2-18　2007 年临洪逐日水位过程图

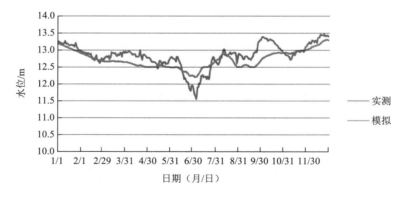

图 2-19 2009 年洪泽湖逐日水位过程图

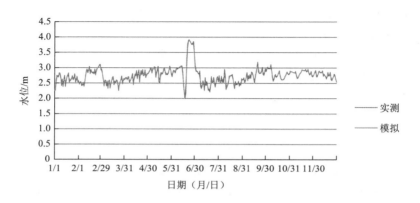

图 2-20 2009 年临洪逐日水位过程

2.5.2 闸站的翻水量模拟与实际翻水量对比

基于所建模型,采用闸站调度规划方案,模拟了研究区闸站翻水情况。与实测情况对比见表 2-15。模拟的结果和实测值误差较小,具有相当高的精度。

表 2-15 闸站翻水量对应表 （单位:亿 m³）

主要闸站	2007 年		2009 年	
	模拟	实测	模拟	实测
江都站	28.298	29.360	40.538	40.490
淮安站	13.041	13.280	12.117	12.500
淮阴站	2.358	2.320	3.180	3.460
泗阳站	4.374	4.730	6.628	6.640
刘老涧站	3.644	3.610	3.562	3.960
皂河站	2.871	2.850	2.552	2.950

续表

主要闸站	2007 年		2009 年	
	模拟	实测	模拟	实测
刘山站	1.537	1.590	3.279	3.900
解台站	0.473	0.570	2.591	2.080
沙集站	1.899	0.990	—	—

2.5.3　区域水量平衡

以研究区为例的不同典型年区域水量平衡结果见表 2-16～表 2-18，对于特别干旱年，研究区总入流为 218.64 亿 m³，总出流为 261.32 亿 m³，蓄水量减少量为 42.33 亿 m³，水量平衡差为 0.34 亿 m³，基本符合水量平衡规律；对于一般干旱年，研究区总入流为 402.98 亿 m³，总出流为 389.67 亿 m³，蓄水量增加量为 12.77 亿 m³，水量平衡差为 0.54 亿 m³，基本符合水量平衡规律；对于平水年，研究区总入流为 581.23 亿 m³，总出流为 529.76 亿 m³，蓄水量增加量为 51.06 亿 m³，水量平衡差为 0.41 亿 m³，基本符合水量平衡规律；综合所述，研究区总水量以及抽引长江水量均满足水量平衡规律。

表 2-16　特别干旱年南水北调东线江苏省受水区区域水量平衡结果　（单位：亿 m³）

入流		出流		蓄水变化量	
指标	数据	指标	数据	指标	数据
边界入流	103.02	边界出流	56.82	面上蓄水量	−19.71
受水区产流	34.44	河道和节点用水户供水	133.80	湖泊蓄水量	−4.23
江都站翻水量	81.18	沿线输水损失	7.26	河道蓄水量	−18.39
		面上用水（旁侧出流）	45.84		
		入江水量	17.60		
合计	218.64	合计	261.32	合计	−42.33

表 2-17　一般干旱年南水北调东线江苏省受水区区域水量平衡结果　（单位：亿 m³）

入流		出流		蓄水变化量	
指标	数据	指标	数据	指标	数据
边界入流	279.57	边界出流	86.33	面上蓄水量	17.05
受水区产流	79.55	河道和节点用水户供水	112.14	湖泊蓄水量	−5.56
江都站翻水量	43.86	沿线输水损失	7.26	河道蓄水量	1.28
		面上用水（旁侧出流）	45.84		
		入江水量	138.10		
合计	402.98	合计	389.67	合计	12.77

表 2-18　平水年南水北调东线江苏省受水区区域水量平衡结果　　（单位：亿 m³）

入流		出流		蓄水变化量	
指标	数据	指标	数据	指标	数据
边界入流	416.72	边界出流	130.54	面上蓄水量	42.86
受水区产流	126.90	河道和节点用水户供水	109.94	湖泊蓄水量	4.78
江都站翻水量	37.61	沿线输水损失	7.26	河道蓄水量	3.42
		面上用水（旁侧出流）	45.84		
		入江水量	236.18		
合计	581.23	合计	529.76	合计	51.06

第3章 需水计算及水资源考核技术系统的构建

节水是调水的前提，外调水通水之后，受水区的节水目标以及节余水量的利用途径和经济效益需要作科学的分析评价，探索出受水区节水型城市建设的激励机制及管理模式。以受水区的节约用水为前提分析水资源合理配置模式，为经济社会发展提供水资源保障，最终为建立和实现资源节约型、环境友好型社会提供科学依据。如南水北调工程的直接目标是为城市供水，可以将城市不合理挤占的农业与生态用水返还于农业与生态，如何通过水量配置促进这种思路的有效实现需要从经济机制、管理机制以及工程运行条件等多方面做深入研究。

3.1 基于节水潜力挖掘的需水量计算

为实现科学的水资源配置与管理，需要紧紧围绕习近平总书记提出的"节水优先、空间均衡、系统治理、两手发力"的治水新思路，在"以水定城、以水定产、以水定人、以水定发展"原则的基础上，统筹考虑南水北调东、中线一期工程受水区各省市的节水状况，分析南水北调江苏受水区的节水潜力，并在此基础上，分析提出南水北调江苏受水区未来的水资源需求，为实施最严格水资源管理制度，为受水区乃至江苏省的水资源优化配置与科学调度管理提供依据，保证受水区乃至江苏省的供水安全。

本章在分析南水北调江苏受水区的用水效率水平和节水潜力的基础上，进一步预测研究区未来的水资源需求，对加快节水型社会建设，切实贯彻南水北调受水区"先节水后调水"的原则，科学配置水资源具有重要意义。

3.1.1 研究区用水量与用水水平

1. 现状用水量及构成分析

2015 年南水北调江苏受水区各地级市用水总量 147.33 亿 m^3。其中，生活用水 13.34 亿 m^3，占用水总量的 9.1%；工业用水（包含火、核电）13.16 亿 m^3，占用水总量的 8.9%；农业用水 120.26 亿 m^3，占用水总量的 81.6%；生态用水 0.57 亿 m^3，占用水总量的 0.4%。江苏受水区是江苏主要的农业区，各地级市农业用水在用水总量中所占比例最大。南水北调江苏受水区的工业用水中，有 3.69 亿 m^3 是火、核电用水，占工业用水总量的 28.0%。各地级市的详细用水情况见表 3-1 和图 3-1，用水结构见图 3-2。

表 3-1　2015 年江苏受水区各地级市用水情况表　　（单位：亿 m³）

城市	生活	工业		农业	生态	总量
		总量	火、核电			
徐州	4.94	4.12	1.19	33.03	0.22	42.31
连云港	2.39	2.30	0.24	24.54	0.14	29.37
淮安	2.83	3.15	1.81	25.95	0.08	32.01
盐城	0.00	0.00	0.00	1.87	0.00	1.87
扬州	0.89	1.89	0.42	6.01	0.02	8.81
宿迁	2.29	1.69	0.03	28.86	0.11	32.95
合计	13.34	13.16	3.69	120.26	0.57	147.33

注：受水区中扬州包含了江都区、高邮市、宝应县；盐城包含了阜宁县的部分地区。表中数据存在修约，故加和与合计有偏差，后同。

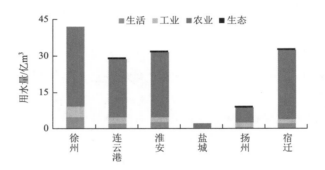

图 3-1　2015 年江苏受水区各地级市用水情况

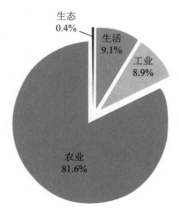

图 3-2　2015 年江苏受水区各地级市用水结构

2. 现状用水指标分析

江苏省各地级市 2015 年主要用水指标见表 3-2 和图 3-3～图 3-6。受数据资料限制，进行用水指标分析时，盐城和扬州的用水指标采用全市综合水平，没有在受水区范围内进行单独统计。

表 3-2 2015 年江苏省各地级市现状用水水平

	城市	人均综合用水量/m³	万元生产总值用水量/m³	万元工业增加值用水量/m³	农田亩均灌溉用水量/m³	农田灌溉水有效利用系数	人均生活用水量		
							城镇生活/(L/d)	城镇居民/(L/d)	农村居民/(L/d)
受水区	徐州	488.1	79.5	19.9	403.2	0.596	207.1	112.8	94.1
	连云港	656.4	135.9	30.0	423	0.580	199.3	151.9	91.9
	淮安	657.0	116.6	32.0	368	0.581	214.7	136.4	92.7
	盐城	723.7	124.2	33.5	339.8	0.620	208.7	138.6	95.0
	扬州	864.2	96.5	79.3	467.9	0.600	258.9	234.6	100.2
	宿迁	678.8	155.0	19.3	451	0.573	169.8	140.2	92.7
非受水区	南京	655.3	55.5	83.9	446.1	0.647	333.1	298.4	100.5
	无锡	660.9	50.5	76.2	485	0.650	259.5	216.1	111.2
	常州	556.7	49.6	44.7	483.6	0.650	263.9	229.8	106.2
	苏州	799.3	58.5	95.5	471	0.668	302.8	244.6	109.0
	南通	664.8	78.9	92.8	312	0.611	233.2	174.8	94.7
	镇江	1709.7	155.1	265.9	429.1	0.625	237.4	181.4	93.2
	泰州	775.0	98.4	87.2	424.3	0.607	221.5	130.3	95.2
江苏省		721	82	85.4	427	0.598	232	140	98
全国		445	90	58.3	394	0.536	217	135	82

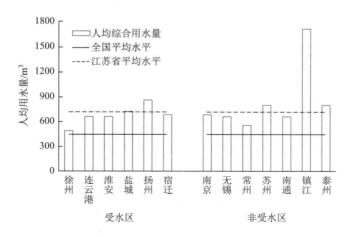

图 3-3 2015 年江苏省各地级市人均综合用水量

　　2015 年全国人均综合用水量 445m³，江苏受水区各地级市人均综合用水量均高于全国平均水平。江苏省人均综合用水量 721m³，扬州和盐城两市人均综合用水量高于江苏省平均水平，徐州、连云港、淮安和宿迁四市低于江苏省平均水平（图 3-3）。

　　1）农业用水指标分析

　　2015 年江苏省农田亩均灌溉用水量 427m³，全国平均农田亩均灌溉用水量 394m³；江苏省农田灌溉水有效利用系数 0.598，全国平均农田灌溉水有效利用系数 0.536。在农田亩均灌溉用水量方面，南水北调江苏受水区的徐州、连云港、扬州、宿迁高于全国平均值，淮安、盐城低于全国平均值；徐州、连云港、淮安、盐城低于江苏省平均值，扬州、宿迁高于江苏省平均值。在农田灌溉水有效利用系数方面，南水北调江苏受水区平均水平虽然高于全国平均水平，但低于江苏省平均水平（图 3-4）。

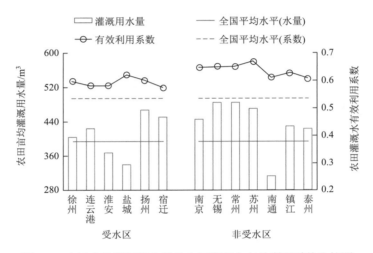

图 3-4　农田亩均灌溉用水量及农田灌溉水有效利用系数比较图

　　2）工业用水指标分析

　　2015 年江苏省万元生产总值用水量 82m³，比全国平均值 90m³ 低 8m³。与全国平均值相比，南水北调江苏受水区各地级市中，除徐州市低 10.5m³ 外，其他各地级市均高于全国平均值。其中宿迁市高最多，差值多达 65.0m³。与江苏省平均值相比，南水北调江苏受水区各地级市，仅徐州市低 2.5m³，其他各地级市均高于江苏省平均值，其中宿迁市高最多，差值多达 73.0m³。

　　2015 年江苏省万元工业增加值用水量 85.4m³，比全国平均值 58.3m³ 高 27.1m³。与全国万元工业增加值用水量平均值相比，江苏受水区扬州市高 21.0m³，其他各地级市均低于全国平均值，低 24.8～39.0m³。万元工业增加值用水量最高的扬州市比江苏省平均值低 6.1m³，其他各地级市比江苏省平均值低 51.9～66.1m³（图 3-5）。

　　3）生活用水指标分析

　　生活用水分为城镇生活用水与农村生活用水。城镇生活用水量是指居民日常生活和城市建设、公共与公用设施用水，具体包括四个方面：城镇居民用水、市政建设用水、公用与服务设施用水和环境绿化用水。农村生活用水由农村居民用水和家养牲畜（不包括以商品生产为目的的畜牧业）用水构成。

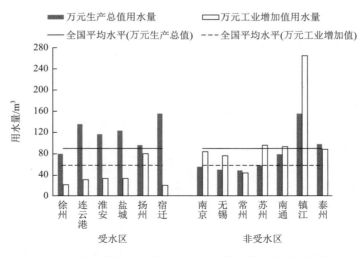

图 3-5 万元生产总值用水量及万元工业增加值用水量比较图

2015 年全国平均城镇生活人均日用水量 217L，城镇居民生活人均日用水量 135L，农村居民生活人均日用水量 82L。江苏省城镇生活人均日用水量 232L，城镇居民生活人均日用水量 140L，农村居民生活人均日用水量 98L。江苏省各项人均生活用水指标都高于全国平均水平。

南水北调江苏受水区内，城镇生活人均日用水量平均值为 210L，城镇居民生活人均日用水量平均值为 152L，农村居民生活人均日用水量平均值为 94L。江苏受水区城镇生活人均日用水量，只有扬州市高于全国平均值，其他各地级市均低于全国平均值；城镇居民生活人均日用水量，只有徐州低于全国平均值，其他各地级市均高于全国平均值；农村居民生活人均日用水量，各地级市均高于全国平均值（图 3-6）。

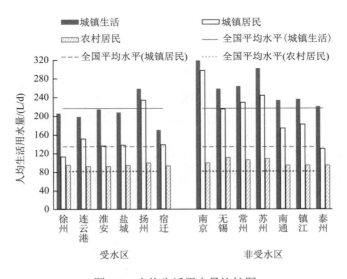

图 3-6 人均生活用水量比较图

3.1.2　研究区需水预测

以 2015 年为基准年，分农业、工业、生活、生态和船闸五个方面预测江苏受水区 2030 年水平年的用水需求。首先参考江苏省相关发展规划以及江苏受水区的区域发展定位、经济社会发展目标，基于江苏受水区近年来的主要经济社会发展指标的变化趋势特点，预测江苏受水区经济社会发展指标。然后基于前述对江苏受水区节水潜力的分析结果，结合江苏省最严格水资源管理制度、节水规划以及节水型社会建设等要求，分高、中、低三种节水水平，设置受水区不同水平年的灌溉定额、工业万元产值用水量以及生活用水定额等综合用水效率指标，对江苏受水区的用水需求进行不同节水水平下的情景分析预测。

江苏受水区范围内，盐城阜宁县仅有农田在受水区范围内，仅对其农业需水量进行预测。

1. 节水方案设置

江苏省的《省政府关于实行最严格水资源管理制度的实施意见》（苏政发〔2012〕27 号）明确了江苏省实行最严格水资源管理制度的用水效率红线：到 2030 年，全省用水效率达到世界先进水平，万元工业增加值用水量（以 2000 年不变价计，不含火电，下同）降低到 $11m^3$ 以下，农田灌溉水有效利用系数提高到 0.69 以上；为实现该目标，到 2020 年，万元工业增加值用水量降低到 $18m^3$ 以下，农田灌溉水有效利用系数提高到 0.62 以上。《江苏省节水型社会建设规划纲要》明确了江苏省节水型社会建设规划目标，第三产业生活用水预期指标为到 2020 年，节水型器具普及率达到 95%，城市供水管网漏损率降至 8%。

根据前述对江苏受水区现状节水水平的分析，综合考虑《省政府关于实行最严格水资源管理制度的实施意见》和《江苏省节水型社会建设规划纲要》中规定的用水效率指标、苏南与苏北地区经济社会发展差异等因素，本书设置了如下三种节水水平方案。

（1）高节水方案：假设江苏受水区到 2030 年时，工业和农业用水指标达到最严格水资源管理制度的用水效率红线要求，农田灌溉水有效利用系数提高到 0.69，万元工业增加值用水量（含火、核电）降低到 $13m^3$，城市供水管网漏损率降至 8%。

（2）中节水方案：假设江苏受水区到 2030 年时，工业和农业用水效率指标没有达到最严格水资源管理制度 2030 年用水效率红线要求，到 2030 年时，农田灌溉水有效利用系数只提高到 0.67，万元工业增加值用水量（含火、核电）只降低到 $14m^3$，城市供水管网漏损率降至 10%。

（3）低节水方案：假设江苏受水区到 2030 年时，工业和农业用水效率指标没有达到最严格水资源管理制度 2030 年用水效率红线要求，仅略超过 2020 年的用水效率红线要求，农田灌溉水有效利用系数只提高到 0.65，万元工业增加值用水量（含、核火电）只降低到 $15m^3$，城市供水管网漏损率降至 12%。

2. 受水区需水总量

前述章节分高、中、低三种节水方案，预测了受水区不同水平年的农田灌溉需水、工业需水和生活需水，计算需水总量时会有许多组合情况。表 3-3 给出了农田灌溉、工业和生活需水同时达到低节水方案、中节水方案和高节水方案的需水总量。未来在考虑节水措施的推广以及产业结构的调整的情况下，江苏受水区农业需水量逐年下降，工业、生活需水量缓慢增长。

表 3-3　受水区需水量计算结果　　　　　　　（单位：亿 m³）

降水量保证率			农业	工业	生活	生态	船闸	合计
50% （平水年）		2015 年	103.5	13.2	15.4	5.5	7.9	145.5
	2030 年	低节水方案	99.4	23.2	27.8	6.5	7.9	164.8
		中节水方案	92.5	21.7	27.2	6.5	7.9	155.8
		高节水方案	86.1	20.1	26.7	6.5	7.9	147.3
75% （一般干旱年）		2015 年	119.4	13.2	15.4	5.5	7.9	161.4
	2030 年	低节水方案	113.9	23.2	27.8	6.5	7.9	179.3
		中节水方案	105.9	21.7	27.2	6.5	7.9	169.2
		高节水方案	98.3	20.1	26.7	6.5	7.9	159.5
95% （特别干旱年）		2015 年	152.3	13.2	15.4	5.5	7.9	194.3
	2030 年	低节水方案	144.7	23.2	27.8	6.5	7.9	210.1
		中节水方案	134.3	21.7	27.2	6.5	7.9	197.6
		高节水方案	124.5	20.1	26.7	6.5	7.9	185.7

基准年（2015 年），平水年江苏受水区需水总量达到 145.5 亿 m³。一般干旱年和特别干旱年江苏受水区需水总规模约为 161.4 亿 m³ 和 194.3 亿 m³。

低节水方案下，2030 年平水年，江苏受水区需水总量将达到 164.8 亿 m³，比基准年净增约 19.3 亿 m³；一般干旱年需水总规模约为 179.3 亿 m³，比基准年净增 17.9 亿 m³；特别干旱年需水总规模约为 210.1 亿 m³，比基准年净增 15.8 亿 m³。

中节水方案下，2030 年平水年，江苏受水区需水总量将达到 155.8 亿 m³，比基准年净增约 10.3 亿 m³；一般干旱年需水总规模约为 169.2 亿 m³，比基准年净增 7.8 亿 m³；特别干旱年需水总规模约为 197.6 亿 m³，比基准年净增 3.3 亿 m³。

高节水方案下，2030 年平水年，江苏受水区需水总量将达到 147.3 亿 m³，比基准年净增 1.8 亿 m³；一般干旱年需水总规模约为 159.5 亿 m³，比基准年净减 1.9 亿 m³；特别干旱年需水总规模约为 185.7 亿 m³，比基准年净减 8.6 亿 m³。

3.2　用水量考核模型

根据节水型社会建设和精细化水资源管理要求，基于省控总量控制目标与节水潜力挖掘研究,并以模型模拟不同降水量保证率下的用水总量,核定区域用水总量,制定研究区的水量分配方案,建立市、县级行政区域、水资源分区、干线、梯级、区段等用水总量控制目标,为不同降水量保证率降水条件下的用水总量控制提供参考。

本书开展了水利部与江苏省层层下达的总量控制的细分,并耦合用水现状、节水潜力挖掘以及需水模拟,提出基于节水高要求下的需水模拟结果,以供参考。尤其是不同降水量保证率下的需水模拟,具有重要的参考价值。

3.2.1 用水总量控制目标

1. 江苏省控总量控制目标的划分

江苏省控下达用水总量控制目标以地级市为单位,水资源分区、区段、干线等层次的控制目标未明确下达,因此基于本书所建水资源配置模型,以模型模拟计算的需水比例,划分江苏省下达用水总量控制目标下水资源分区、区段、干线与梯级的总量控制目标。

划分方法:①面积折算。由于本书研究区范围与地级市行政边界不能完全匹配,面积存在差异,因此在计算区域比例之前需将盐城的需水量按面积比等比例折算。②比例分割。将本书所建模型模拟结果进行面积折算后,进行归一化,继而得到分割比例,最后用比例划分出水资源分区、区段、干线与梯级的总量控制目标。③面上与干线分离。本书将供需分为面上与干线两块。其中,区段、干线与梯级的总量控制目标仅为干线总量控制目标。

1)划分基础

江苏省下达的总量控制目标如表 3-4 所示。研究区范围内计算面积与地级市行政区域面积如表 3-5 所示。

表 3-4 江苏省下达的用水总量控制目标 （单位：亿 m^3）

指标	扬州	盐城	淮安	宿迁	徐州	连云港	合计
省控目标	40	56	33	29	42	28	228
实际目标[*]	32	4	33	29	42	28	168

[*]实际目标指的是模拟计算时研究区与所在地级市行政边界内的面积比例与省控目标的乘积。

表 3-5 研究区计算面积与地级市行政区域面积对比 （单位：km^2）

指标	扬州	盐城	淮安	宿迁	徐州	连云港	合计
行政面积	6634	17000	10072	8555	11258	7444	60963
计算面积[*]	5289	1283	10072	8555	11258	7444	43901

[*]计算面积指的是模拟计算时研究区所包括各地级市行政边界内的面积总和。

2）划分结果

根据以上方法，划分的水资源分区、区段、干线与梯级的总量控制目标如表 3-6~表 3-9 所示（其中区段、干线和梯级不包含面上）。

表 3-6　水资源分区用水总量控制目标　（单位：亿 m³）

水资源分区	安河区	盱眙区	高宝湖区	渠北区	里下河腹部区	丰沛区	骆马湖上游区	赣榆区	沂北区	沂南区	合计
控制用水	25	2	15	9	31	14	18	4	22	28	168

表 3-7　区段用水总量控制目标　（单位：亿 m³）

区段	长江—洪泽湖	洪泽湖	洪泽湖—骆马湖	骆马湖	骆马湖—南四湖（不牢河段）	下级湖	上级湖	通榆河	合计
控制用水	25	22	34	5	12		6	9	118

表 3-8　干线用水总量控制目标　（单位：亿 m³）

干线	京杭大运河	白马湖、宝应湖、金宝航道	苏北灌溉总渠	金宝航道	运西河—新河	洪泽湖	淮沭新河	京杭大运河中运河段	苏北灌溉总渠	盐河
控制用水	18	2	5	0	0	11	11	16	1	7

干线	二河	废黄河	徐洪河	骆马湖	京杭大运河不牢河段	房亭河	上级湖	下级湖	通榆河连云港段	合计
控制用水	3	3	4	5	8	4	5	6	9	118

表 3-9　梯级用水总量控制目标　（单位：亿 m³）

梯级	第一梯级	第二梯级	第三梯级	第四梯级	第五梯级	第六梯级	第七梯级	第八梯级	第九梯级	合计
控制用水	19	11	43	8	9	12	2	3	11	118

2. 江苏省总量控制目标的划分

不同降水量保证率下需水具有一定的差别，基于本书建立的模型模拟计算了 95%（特别干旱年）、75%（一般干旱年）、50%（平水年）降水量保证率下的用水总量控制目标，如表 3-10~表 3-14 所示。其中，地级市、水资源分区用水总量控制目标包括了面上用水，其他干线、梯级等层次的用水总量控制目标仅包括干线用水。

表 3-10　地级市用水总量控制目标　（单位：亿 m³）

地级市	特别干旱年	一般干旱年	平水年
扬州	16.5	16.1	15.8
盐城	2.1	1.8	1.7

续表

地级市	特别干旱年	一般干旱年	平水年
淮安	44.3	37.0	35.4
宿迁	37.9	30.5	29.7
徐州	56.5	50.9	49.1
连云港	29.9	25.3	25.5
总和	187.2	161.6	157.2

表 3-11　水资源分区用水总量控制目标　（单位：亿 m³）

水资源分区	特别干旱年	一般干旱年	平水年
安河区	29.6	25.7	23.7
盱眙区	2.1	1.6	2.7
高宝湖区	13.8	11.2	9.4
渠北区	7.0	5.8	5.4
里下河腹部区	22.0	21.3	20.8
丰沛区	15.4	14.0	12.9
骆马湖上游区	27.6	25.0	24.8
赣榆区	4.1	3.8	3.7
沂北区	30.5	25.1	25.0
沂南区	35.1	28.1	28.8
总和	187.2	161.6	157.2

表 3-12　干线用水控制目标　（单位：亿 m³）

干线	特别干旱年	一般干旱年	平水年
京杭大运河	15.0	14.4	14.0
白马湖、宝应湖、金宝航道	2.7	2.0	1.6
苏北灌溉总渠	3.9	3.3	2.8
金宝航道	0.2	0.2	0.2
运西河—新河	0.4	0.3	0.2
洪泽湖	14.5	11.2	10.4
淮沭新河	15.7	11.2	11.3
京杭大运河中运河段	18.7	15.0	14.6
苏北灌溉总渠	1.1	0.9	0.9
盐河	8.1	5.9	5.9
二河	3.8	2.8	2.7

续表

干线	特别干旱年	一般干旱年	平水年
废黄河	2.9	2.8	2.8
徐洪河	5.7	4.7	4.1
骆马湖	7.3	5.8	5.8
京杭大运河不牢河段	10.6	9.1	9.0
房亭河	4.8	4.0	3.9
上级湖	6.1	5.3	4.8
下级湖	7.6	6.8	6.3
通榆河连云港段	12.4	10.0	10.2
总和	141.5	115.7	111.5

表 3-13　区段用水控制目标　　　（单位：亿 m³）

区段	特别干旱年	一般干旱年	平水年
长江—洪泽湖	22.2	20.2	18.8
洪泽湖	30.2	22.4	21.8
洪泽湖—骆马湖	40.3	32.1	31.0
骆马湖	7.3	5.8	5.8
骆马湖—南四湖（不牢河段）	15.4	13.1	12.8
下级湖	6.1	5.3	4.8
上级湖	7.6	6.8	6.3
通榆河	12.4	10.0	10.2
总和	141.5	115.7	111.5

表 3-14　梯级用水控制目标　　　（单位：亿 m³）

梯级	特别干旱年	一般干旱年	平水年
第一梯级	16.3	15.3	14.7
第二梯级	10.7	8.9	7.9
第三梯级	55.7	42.3	41.7
第四梯级	10.1	8.2	7.6
第五梯级	10.2	8.2	8.3
第六梯级	17.0	13.9	13.5
第七梯级	2.5	2.3	2.3

续表

梯级	特别干旱年	一般干旱年	平水年
第八梯级	4.0	3.4	3.3
第九梯级	14.8	13.2	12.1
总和	141.5	115.7	111.5

3.2.2　区域用水考核与评价

本书基于用水现状与节水潜力挖掘研究，尝试建立了区域用水指标考核体系。同时，研发了模型基于闸站实际水位推算区域实际用水的反算功能，为开展区域用水总量核实与考核提供数据支撑。

1. 考核指标体系的建立与评价

水资源利用效率涉及面较为广泛，从用水领域角度来看，有工业用水、农业用水和生活用水，而且不同的经济发展情况下，在相同用水效率之下各方面的用水量也会发生变化。鉴于水资源利用效率评价的复杂性，需要构建一个科学合理的评价指标系统。本书以江苏省用水总量控制指标和本研究核定的水量分配方案为基础，如表 3-15 所示构建江苏省用水考核指标体系。目标层为水资源利用效率评价，准则层为综合用水、农业用水、工业用水和生活用水。

表 3-15　江苏省用水考核指标体系

目标层	准则层	指标层
水资源利用效率评价	综合用水	人均综合用水量/m³
		万元生产总值用水量/m³
	农业用水	每公顷农田灌溉用水量/m³
		万元农业产值用水量/m³
	工业用水	万元工业产值用水量/m³
		万元工业增加值用水量/m³
	生活用水	城镇居民人均生活用水量/m³
		农村居民人均生活用水量/m³

指标体系中，相关指标计算公式如下：
人均综合用水量 = 总用水量/人口数；

万元生产总值用水量 = 总用水量/生产总值;

单位面积农田灌溉用水量 = 灌溉用水量/农田面积;

万元农业产值用水量 = 农业用水量/农业生产总值;

万元工业产值用水量 = 工业用水量/工业生产总值;

万元工业增加值用水量 = 工业用水量/万元工业增加值;

城镇居民人均生活用水量 = 城镇居民生活用水量/城镇人口;

农村居民人均生活用水量 = 农村居民生活用水量/农村人口。

根据地级市相关用水指标,基于《江苏省统计年鉴》以及《江苏省水资源公报》数据,采用主成分分析法,以 2013 年(现状年)为基础,得出用水效率评价结果,并在 ArcGIS 中绘制出图。

如表 3-16 所示,综合得分即各地级市经过指标运算得出的主成分综合得分,其综合得分越高,则代表该地区用水效率越高,相应的得分越低的地区其用水效率相对落后。表中得分最高的是徐州市,而得分最低的是扬州市。通过各个指标值的对比可以发现,徐州市的每个指标均优于扬州市,且各指标差距较大。而得分最为接近的连云港市和宿迁市,各指标也处于较为接近的状态。因此,以该综合得分评价各地级市的整体用水效率具有较为良好的效果。

表 3-16　2013 年江苏省南水北调研究区各地级市用水效率指标

地级市	人均综合用水量/m³	万元生产总值用水量/m³	每公顷农田灌溉用水量/m³	万元农业产值用水量/m³	万元工业产值用水量/m³	万元工业增加值用水量/m³	城镇居民人均生活用水量/m³	农村居民人均生活用水量/m³	综合得分
连云港	605.87	150.27	31.79	878.44	4.85	31.18	38.91	34.17	0.7
徐州	470.51	91.12	25.50	579.65	3.91	22.97	40.37	33.99	2.4
宿迁	611.59	172.73	31.27	844.32	4.85	20.32	36.80	34.85	0.6
盐城	789.48	164.00	29.24	991.89	7.86	36.10	45.45	34.32	−0.6
淮安	700.71	156.89	29.01	732.52	9.19	53.88	39.13	34.11	0.2
扬州	864.50	118.83	43.09	1166.76	12.67	73.32	52.22	35.77	−3.4

水资源分区的各项指标数据不能直接获取,本书中采用地级市相关基础数据对水资源分区数据进行模拟。

以沂北区为例,该水资源分区横跨连云港市、宿迁市以及徐州市三大地级市。按照其空间面积分布比例,沂北区中连云港市、宿迁市和徐州市所占面积比约为 3∶1∶1,则将三大地级市的数据按照 0.6、0.2、0.2 的系数比例分配,模拟沂北区的指标数据。以人均综合用水量这一指标为例:

$$人均综合用水量_{沂北区} = \frac{综合用水量_{连云港}×60\%+综合用水量_{宿迁}×20\%+综合用水量_{徐州}×20\%}{常住人口_{连云港}×60\%+常住人口_{宿迁}×20\%+常住人口_{徐州}×20\%}$$

(3-9)

得出各水资源分区的指标数据后，采用主成分分析法计算综合得分，结果如表 3-17 所示，得分越高，代表该水资源分区用水效率越高。

表 3-17　2013 年江苏省南水北调研究区各水资源分区用水效率考核指标

水资源分区	人均综合用水量/m³	万元生产总值用水量/m³	每公顷农田灌溉用水量/m³	万元农业产值用水量/m³	万元工业产值用水量/m³	万元工业增加值用水量/m³	城镇居民人均生活用水量/m³	农村居民人均生活用水量/m³	综合得分
赣榆区	605.87	150.27	31.79	878.44	4.85	31.18	38.91	34.17	1.2
丰沛区	470.51	91.12	25.50	579.65	3.91	22.97	40.37	33.99	1.1
沂北区	563.34	130.79	29.79	769.38	4.47	26.16	39.04	34.25	1.2
骆马湖上游区	478.78	94.47	25.88	594.29	3.94	22.86	40.18	34.04	1.1
沂南区	676.28	161.26	30.27	871.19	6.71	34.62	40.28	34.40	0.7
安河区	548.59	120.23	27.95	681.66	4.89	26.74	39.17	34.29	1.1
盱眙区	700.71	156.89	29.01	732.52	9.19	53.88	39.13	34.11	0.7
渠北区	753.91	161.28	29.16	881.97	8.43	42.65	42.97	34.23	-0.2
里下河腹部区	795.95	130.49	35.90	937.36	11.72	68.05	47.01	35.03	-5.1

如表 3-17 所示，沂北区、赣榆区综合得分最高，均为 1.2 分，各方面指标也最为相近，是用水效率最高的两个水资源分区；其次是安河区、骆马湖上游区以及丰沛区，得分为 1.1 分；盱眙区、沂南区则较为一般，得分为 0.7 分；里下河腹部区则得分最低。表 3-17 中，里下河腹部区各指标相比各区的差距普遍不大，然而综合得分有显著的区分。

2. 区域用水考核与评价

基于模型反算功能，以 2007 年（基准年）为例，进行了区域的用水总量考核与评价。同时，模型还模拟了规划工情下的区域用水情况，预估区域用水总量达标状况。本书从地级市的层面，进行南水北调江苏省受水区的相关评价与考核工作。因为研究基础为模型模拟计算结果，因此该部分地级市计算针对研究区实际面积。

研究区用水总量控制目标与用水情况如表 3-18 所示。

表 3-18　江苏省南水北调研究区各地级市用水总量控制目标与用水情况　（单位：亿 m³）

地级市	用水总量控制目标	节水潜力挖掘目标	基准年（2007 年）用水量
扬州	32	24	16.0
盐城	4	4	2.7
淮安	33	33	31.3

续表

地级市	用水总量控制目标	节水潜力挖掘目标	现状年（2007 年）用水量
宿迁	29	26	22.8
徐州	42	34	32.7
连云港	28	23	14.2

注：与模型计算面积对应，将目标按全市面积与计算面积进行了折算。

　　地级市、水资源分区、干线、区段模型优化、梯级模型优化供水量与相应的区域用水总量控制目标参照图见图 3-7～图 3-11。根据结果可知，现状年（2007 年）通过模型得到的优化结果满足江苏省下达研究区域用水总量控制目标。

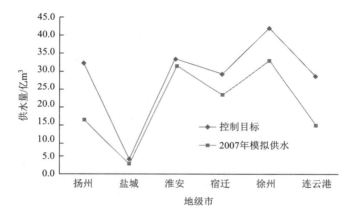

图 3-7　地级市模型优化供水量与区域用水总量控制目标参照图

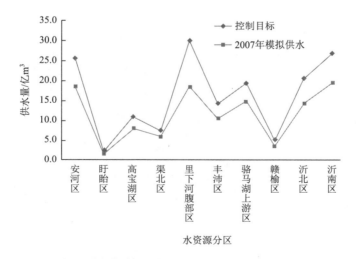

图 3-8　水资源分区模型优化供水量与区域用水总量控制目标参照图

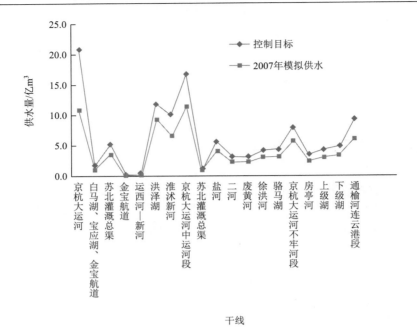

图 3-9　干线模型优化供水量与区域用水总量控制目标参照图

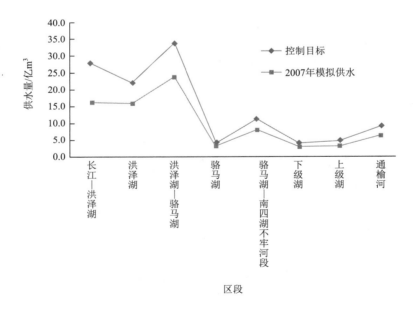

图 3-10　区段模型优化供水量与区域用水总量控制目标参照图

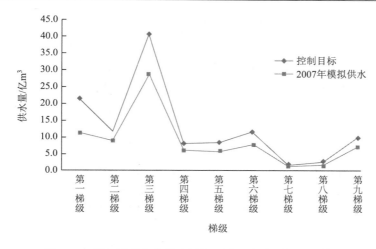

图 3-11　梯级模型优化供水量与区域用水总量控制目标参照图

3.3　水资源高效利用对策建议

本书从节水型社会建设和精细化水资源管理要求出发,基于江苏省用水总量控制指标以及本书核定的水量分配方案,辅以模型水源划分与优化调度模块,从水资源供需用的环节,构建水资源考核指标体系,评估水资源利用效率。

（1）江苏省下达的用水总量控制目标以地级市为单位,而本书所建水资源配置模型计算结果包含水资源分区、区段、干线等层次,因此有必要针对其建立相应的控制目标。本书将模型模拟计算得到的各层次用户需水结果进行归一化,继而得到分割比例,利用该比例划分出水资源分区、区段、干线与梯级的总量控制目标,其中水资源分区与地级市均考虑干线以及面上用水,因此其研究区控制目标一致,均为 168 亿 m³,区段、干线以及梯级仅考虑干线用水,因此其研究区控制目标仅为 118 亿 m³。

不同降水量保证率下需水具有一定的差别,因此本研究选取了特别干旱年、一般干旱年以及平水年三个典型年,分别基于模型计算了 50%、75%、95%降水量保证率下的用水控制总量。其中地级市与水资源分区特别干旱年用水控制目标最高,为 187.2 亿 m³,其次一般干旱年用水控制目标为 161.6 亿 m³,平水年的用水控制目标最低,为 157.2 亿 m³。干线、区段以及梯级特别干旱年、一般干旱年、平水年的用水控制总量分别为 141.5 亿 m³、115.7 亿 m³、111.5 亿 m³。

（2）根据节水型社会建设要求,从水资源供需的实际环节出发,本研究分别从需水环节的节水潜力挖掘、供水环节的水源结构优化以及两类工程联合调度出发,供需结合,充分挖掘区域节水潜力,从而达到水资源高效利用的目的。主要包含以下几个方面。

第一,从节水措施出发,考虑灌溉水有效利用系数、万元生产总值等实际指标挖掘节水空间,以 2013 年（基准年）为基础,以 2010~2014 年五年间水资源利用趋势为参考,结合当地实际的经济、资源等因素,采取经验系数,确定高效用水模式下的用水总量。在高效用水模式下，2020 年度预期指标如下：万元工业增加值用水量年均下降约 6.6%，故而 2020 年比 2013 年下降 33.6%；单位面积农田灌溉水利用系数预计 2020 年为 0.59，仅从这个方面考虑，亩均用水量可以减少 17%；生活用水量方面，根据江苏省城市生活与公共用水定额分析可知，城市生活用水量为 130L/(人·d)，农村生活用水量则保持不变。经计算，高效用水模式下，2020 年研究区总用水量仅为 165.5 亿 m³，与 2013 年（基准年）用水量（138.9 亿 m³）相比，仅增加了 19.2%。

第二，从水源结构优化出发，对长江水、淮水、本地水进行结构优化，在充分利用本地水的前提下增加淮水、江水的利用量，从整体上提高水资源的利用效率。特别干旱年规划情景与现状情景相比，区域用水量增加 12.3 亿 m³，占总供水的比重增加 7.3%；一般干旱年规划情景与现状年情景相比，区域用水量增加 15.0 亿 m³，占总供水的比重增加 10.4%；平水年规划情景与现状年情景相比，区域用水量增加 13.3 亿 m³，占总供水的比重增加 9.4%。计算结果表明，通过对供水水源进行结构优化，规划情景下区域总用水量得到了较大的提升。

第三，基于本书建立的模型，联合两类工程耦合调度，提升工程利用效率，提高用水保证率，从工程措施方面提高水资源利用效率。本书充分考虑本地水、淮水以及江水进行联合供水，模型在实际调度计算时，优先使用本地水，当本地水不足时，再考虑其余水源，对沿线上游来水量统一调度使用，以丰补枯，互调互济，按当地供水区用水、北调水量及湖泊蓄水次序进行水量调配。通过优化调度与分水源供水，大大减少了缺水量，保障了水资源利用安全。

（3）水资源利用效率评价较为复杂，需要构建一个科学合理的评价指标系统。目标层为水资源利用效率评价，准则层为综合用水、农业用水、工业用水和生活用水，采用主成分分析法，分别针对地级市以及水资源分区得出用水效率的综合得分，得分越高，则代表该地区用水效率越高，相应的得分越低的地区其用水效率相对落后。

对于地级市，得分最高的是徐州市，而得分最低的是扬州市；通过各个指标值的对比，可以发现，徐州市的每个指标均优于扬州市，且各指标差距较大，特别是工业用水这一指标，徐州市为 3.91m³/万元，而扬州市为 12.67m³/万元，扬州市万元工业产值用水量约为徐州市的三倍。而综合得分最为接近的连云港市和宿迁市，各指标均处于较为接近的状态。因此，以该综合得分评价各地级市的整体用水效率具有较为良好的效果。对于水资源分区，沂北区、赣榆区得分最高，各方面指标也最为相近，是用水效率最高的两个水资源分区，其次是安河区、骆马湖上游区以及丰沛区，盱眙区、沂南区则较为一般，里下河腹部区则得分最低，里下河腹部区各指标相比各区的差距也普遍不大，然而综合得分有显著差异。

综上，基于水资源利用效率综合评价，根据用水结构变化的驱动力对水资源利用提出建议：一是农业角度，研究区内需充分发挥南水北调工程的作用，提高农田灌溉水平。政府应继续推广农业节水措施，以减少灌溉用水需求。在选择农业种植作物方面，应对农民进行引导，将耗水量较高的粮食作物比例降低，推行经济农作物。二是从工业、第三产业上，继续推进产业结构优化的政策，加快产业转型，提高工业，尤其是第三产业的经济比重。将用水结构由农业占据主导地位转为农业、工业、第三产业均占有相当的比例。以上政策对水利工程沿线城市均有借鉴和指导意义，同时也是用水结构多元化和均衡化的必然发展趋势。

　　本书基于模型反算功能，进行了区域的用水总量考核与评价，以现状年为例，进行地级市、水资源分区、干线、梯级、区段模型优化供水量与相应的区域用水控制目标量的对比分析。根据结果可知，基准年（2007 年）下通过模型得到的优化结果基本满足江苏省下达研究区域用水总量控制目标。

第 4 章　供水水源构成分析及供水路线图追踪

4.1　多水源划分结果分析

不同供水水源由于获取难度存在差异，相应的成本也不相同，因此有必要开展受水区供水的去向研究。本书利用新增水源比例法进行水源划分，旨在摸清长江水、淮河水、本地水的具体行踪"路线图"，为达到水资源高效利用提供实现途径。

4.1.1　特别干旱年

按新增水源比例法进行优化后的供水水源用量比例统计，水资源分区、地级市、梯级的计算结果如表 4-1～表 4-3 所示。结果显示，特别干旱年研究区干线年总用水量为 133.79 亿 m³，其中长江水用量 31.40 亿 m³，占 23.5%；淮河水用量为 76.77 亿 m³，占 57.4%；本地水用量 25.62 亿 m³，占 19.1%，见图 4-1。

从水资源分区层次上，各水源供水结果如表 4-1、图 4-2 所示。结合图和表可以得出如下规律，长江水在里下河腹部区、高宝湖区、渠北区供水用量比例较大，其中里下河腹部区比例最大为 90.6%，其次为高宝湖区和渠北区，比例分别为 43.1% 和 29.6%；除里下河腹部区和丰沛区外，其余水资源分区的淮河水比例较大且基本超过 50%（高宝湖区 47.9%），其中赣榆区比例最大，为 93.9%，其次为沂南和沂北区，比例分别达到 74.0% 和 73.0%；本地水在丰沛区、骆马湖上游区和沂北区比例较大，其中丰沛区比例最大为 47.5%，其次为骆马湖上游区和沂北区，比例分别为 33.8% 和 23.1%。

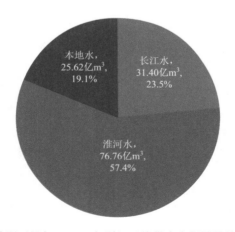

图 4-1　特别干旱年（1966 年型）干线供水水源用量结构百分比

表 4-1 特别干旱年水资源分区供水水源用量

水资源分区	年总用水量/亿 m³	长江水用量/亿 m³	淮河水用量/亿 m³	本地水用量/亿 m³	长江水比例/%	淮河水比例/%	本地水比例/%
安河	21.52	2.30	16.13	3.09	10.7	75.0	14.3
盱眙	1.09	0.20	0.70	0.19	18.3	64.3	17.4
高宝湖	11.05	4.77	5.29	0.99	43.1	47.9	9.0
渠北	7.04	2.09	4.09	0.86	29.6	58.2	12.2
里下河腹部	16.17	14.65	1.30	0.22	90.6	8.0	1.4
丰沛	12.14	3.41	2.96	5.77	28.1	24.4	47.5
骆马湖上游	14.26	0.98	8.46	4.82	6.9	59.3	33.8
赣榆	3.24	0.04	3.05	0.15	1.4	93.9	4.7
沂北	18.56	0.73	13.54	4.29	3.9	73.0	23.1
沂南	28.72	2.23	21.25	5.24	7.8	74.0	18.2
合计	133.79	31.40	76.76	25.62	23.5	57.4	19.1

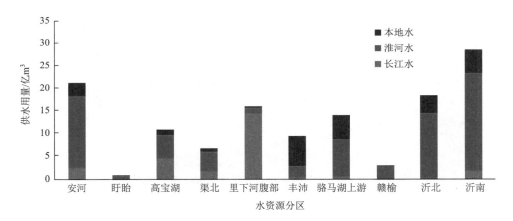

图 4-2 特别干旱年水资源分区供水水源用量柱状图

从行政分区层次上,各水源供水用量结果如表 4-2、图 4-3 所示。结合图和表可以得出如下规律,长江水在扬州、盐城和淮安供水用量比例较大,其中扬州比例最高,为 97.3%,其次为盐城和淮安地区,比例分别为 51.5%和 25.7%;除扬州外,其余地级市的淮河水用量比例都较大,其中连云港比例最大为 75.8%,盐城比例最小为 41.7%;本地水在徐州和连云港供水用量比例较大,其中徐州比例最大,为 33.0%,其次为连云港,比例为 22.5%。

表 4-2 特别干旱年地级市供水水源用量

地级市	年总用水量/亿 m³	长江水用量/亿 m³	淮河水用量/亿 m³	本地水用量/亿 m³	长江水比例/%	淮河水比例/%	本地水比例/%
扬州	13.55	13.19	0.31	0.05	97.3	2.3	0.4
盐城	1.96	1.01	0.82	0.13	51.5	41.7	6.8

地级市	年总用水量/亿 m³	长江水用量/亿 m³	淮河水用量/亿 m³	本地水用量/亿 m³	长江水比例/%	淮河水比例/%	本地水比例/%
淮安	33.94	8.72	20.70	4.51	25.7	61.0	13.3
宿迁	30.83	2.73	22.91	5.20	8.8	74.3	16.9
徐州	35.26	5.44	18.20	11.62	15.4	51.6	33.0
连云港	18.25	0.31	13.84	4.11	1.7	75.8	22.5
总量	133.79	31.40	76.78	25.62	23.5	57.4	19.1

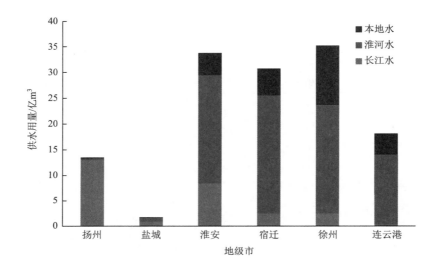

图 4-3　特别干旱年地级市供水水源用量柱状图

从梯级层次来看，各水源供水用量结果如表 4-3、图 4-4 所示。结合图和表可以得出如下规律，长江水在第一梯级和第二梯级供水用量比例较大，其中第一梯级比例最高，为 95.2%，其次为第二梯级，比例为 46.9%；除第一梯级和第九梯级外，其余梯级的淮河供水用量比例都较大，其在第五梯级比例最大，为 74.7%，第二梯级比例最小，为 44.7%；本地水在第七梯级至第九梯级供水用量比例较大，其中第九梯级比例最大，为 46.0%，其次为第八梯级和第七梯级，比例分别为 27.9% 和 26.5%。

表 4-3　特别干旱年梯级供水水源用量

梯级	年总用水量/亿 m³	长江水用量/亿 m³	淮河水用量/亿 m³	本地水用量/亿 m³	长江水比例/%	淮河水比例/%	本地水比例/%
第一	16.29	15.51	0.65	0.13	95.2	4.0	0.8
第二	10.68	5.01	4.78	0.89	46.9	44.7	8.4
第三	52.56	3.76	38.77	10.03	7.1	73.8	19.1

续表

梯级	年总用水量/亿 m³	长江水用量/亿 m³	淮河水用量/亿 m³	本地水用量/亿 m³	长江水比例/%	淮河水比例/%	本地水比例/%
第四	9.98	1.10	7.38	1.50	11.0	73.9	15.1
第五	10.16	0.95	7.59	1.62	9.3	74.7	16.0
第六	16.84	1.22	11.29	4.33	7.2	67.1	25.7
第七	1.57	0.09	1.06	0.42	5.7	67.8	26.5
第八	2.88	0.10	1.96	0.80	3.5	68.6	27.9
第九	12.83	3.66	3.29	5.90	28.5	25.6	46.0
总量	133.80	31.40	76.77	25.62	23.5	57.4	19.1

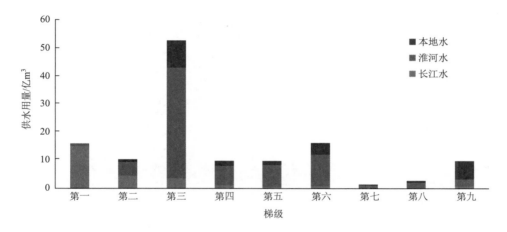

图 4-4　梯级供水水源用量柱状图

4.1.2　一般干旱年

将一般干旱年的供用水进行水源划分后，水资源分区、地级市、梯级的计算结果如表 4-4～表 4-6 所示。结果显示，一般干旱年（1968 年型）研究区干线年总用水量为 109.46 亿 m³，其中长江水用量 16.64 亿 m³，占 15.2%；淮河水用量为 73.36 亿 m³，占 67.0%；本地水用量 19.46 亿 m³，占 17.8%（图 4-5）。

从水资源分区层次上，各水源供水结果如表 4-4 和图 4-6 所示。结合图和表可以得出如下规律，长江水在里下河腹部地区、渠北区、高宝湖区供水用量比例较大，其中里下河腹部区比例最大为 69.3%，其次为渠北区和高宝湖区，比例分别为 29.0% 和 27.6%；除里下河腹部区和丰沛区外，其余水资源分区的淮河供水用量比例都较大且超过 50%，其中盱眙区比例最大，为 93.5%，赣榆区次之，比例为 93.2%；本地水在丰沛区、骆马湖上游区和沂北区供水用量比例较大，其中丰沛区比例最大为 66.5%，其次为骆马湖上游区和沂北区，比例分别为 40.4% 和 21.8%。

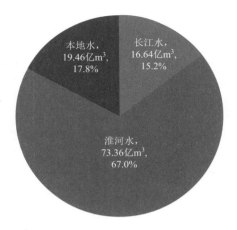

图 4-5　一般干旱年（1968 年型）干线供水水源结构百分比

表 4-4　一般干旱年水资源分区供水水源用量

水资源分区	年总用水量/亿 m³	长江水用量/亿 m³	淮河水用量/亿 m³	本地水用量/亿 m³	长江水比例/%	淮河水比例/%	本地水比例/%
安河	17.97	0.43	15.97	1.57	2.4	88.9	8.7
盱眙	0.68	0.01	0.64	0.03	1.5	93.5	5.0
高宝湖	8.53	2.35	5.79	0.39	27.6	67.8	4.6
渠北	5.85	1.70	3.80	0.35	29.0	65.0	6.0
里下河腹部	15.53	10.76	4.49	0.28	69.3	28.9	1.8
丰沛	8.52	0.56	2.30	5.66	6.5	27.0	66.5
骆马湖上游	12.79	0.14	7.48	5.17	1.1	58.5	40.4
赣榆	2.96	0.01	2.76	0.19	0.4	93.2	6.4
沂北	14.88	0.15	11.48	3.25	1.0	77.2	21.8
沂南	21.75	0.53	18.65	2.57	2.4	85.8	11.8
合计	109.46	16.64	73.36	19.46	15.2	67.0	17.8

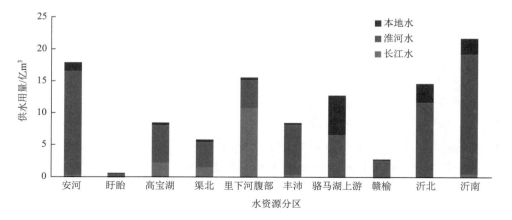

图 4-6　一般干旱年水资源分区供水用量柱状图

从地级市层次上，各水源供水结果如表 4-5、图 4-7 所示。结合图和表可以得出如下规律，长江水在扬州、盐城和淮安供水用量比例较大，其中扬州比例最高，为 74.7%，其次为盐城和淮安，比例分别为 42.3% 和 17.4%；扬州的淮河水供水用量比例最小，为 24.2%，其余地级市的淮河水比例都较大且均超过 50%，其中宿迁比例最大，为 86.8%，盐城比例相对较小，为 51.5%；本地水在徐州和连云港比例较大，其中徐州比例最大，为 40.7%，其次为连云港，比例为 20.2%。

表 4-5　一般干旱年地级市供水水源用量

地级市	年总用水量/亿 m³	长江水用量/亿 m³	淮河水用量/亿 m³	本地水用量/亿 m³	长江水比例/%	淮河水比例/%	本地水比例/%
扬州	12.97	9.68	3.15	0.14	74.7	24.2	1.1
盐城	1.63	0.69	0.84	0.10	42.3	51.5	6.2
淮安	26.92	4.68	20.35	1.89	17.4	75.6	7.0
宿迁	24.12	0.55	20.95	2.62	2.3	86.8	10.9
徐州	28.54	0.90	16.02	11.62	3.2	56.1	40.7
连云港	15.28	0.14	12.05	3.09	0.9	78.9	20.2
总量	109.46	16.64	73.36	19.46	15.2	67.0	17.8

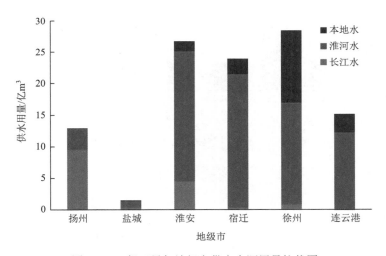

图 4-7　一般干旱年地级市供水水源用量柱状图

从梯级层次来看，各水源供水用量结果如表 4-6、图 4-8 所示。结合图和表可以得出如下规律，长江水在第一梯级和第二梯级供水用量比例较大，其中第一梯级比例最高，为 72.4%，其次为第二梯级，比例为 38.3%；除第一梯级和第九梯级的淮河水供水用量比例小于 30% 外，其余梯级的淮河比例都较大且均超过 50%，第四梯级比例最大，为 90.1%，其次为第五梯级 86.0%；本地水在第七梯级至第九梯级比例较大，其中第九梯级比例最大，为 64.7%，其次为第八梯级和第七梯级，比例分别为 42.9% 和 41.2%。

表 4-6　一般干旱年梯级供水水源用量

梯级	年总用水量/亿 m³	长江水用量/亿 m³	淮河水用量/亿 m³	本地水用量/亿 m³	长江水比例/%	淮河水比例/%	本地水比例/%
第一	15.32	11.09	4.03	0.20	72.4	26.3	1.3
第二	8.86	3.40	4.93	0.53	38.3	55.7	6.0
第三	41.26	0.97	34.75	5.54	2.4	84.2	13.4
第四	8.11	0.14	7.31	0.66	1.8	90.1	8.1
第五	8.23	0.19	7.08	0.96	2.3	86.0	11.7
第六	13.89	0.19	9.87	3.83	1.4	71.1	27.6
第七	2.21	0.02	1.28	0.91	0.9	57.9	41.2
第八	3.07	0.07	1.68	1.32	2.3	54.8	42.9
第九	8.51	0.57	2.43	5.51	6.7	28.6	64.7
总量	109.46	16.64	73.36	19.46	15.2	67.0	17.8

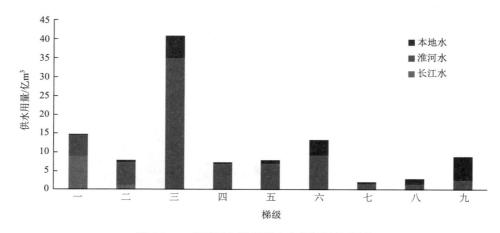

图 4-8　一般干旱年梯级供水水源用量柱状图

4.1.3　平水年

将平水年的供水进行水源划分后，水资源分区、地级市、梯级的计算结果如表 4-7～表 4-9 所示。结果显示，平水年（1983 年型）研究区干线年总用水量为 106.96 亿 m³，其中长江水供水用量 10.49 亿 m³，占 9.8%；淮河水供水用量为 74.73 亿 m³，占 69.9%；本地水供水用量为 21.74 亿 m³，占 20.3%，见图 4-9。

从水资源分区层次上，各水源供水用量结果如表 4-7、图 4-10 所示。结合图和表可以得出如下规律，长江水在里下河腹部区比例最大为 58.3%，其次为渠北区和高宝湖区，比例分别为 14.4%和 14.3%，其余地区比例均为 0；除里下河腹部区和丰沛区外，其余水资源区的淮河水供水用量比例都较大且超过 50%，其中赣榆区比例最大，为 93.0%，盱眙区次之，比例为 92.9%；本地水在丰沛区、骆马湖上游区和沂北区比例较大，其中丰沛区比例最大为 72.1%，其次为骆马湖上游区和沂北区，比例分别为 43.0%和 26.1%。

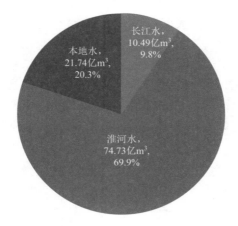

图 4-9　平水年（1983 年型）干线供水水源结构

表 4-7　平水年水资源分区供水水源用量

水资源分区	年总用水量/亿 m^3	长江水用量/亿 m^3	淮河水用量/亿 m^3	本地水用量/亿 m^3	长江水比例/%	淮河水比例/%	本地水比例/%
安河	16.01	0.00	14.40	1.61	0.0	89.9	10.1
盱眙	1.71	0.00	1.59	0.12	0.0	92.9	7.1
高宝湖	6.83	0.98	5.60	0.25	14.3	82.0	3.7
渠北	5.36	0.77	4.25	0.34	14.4	79.3	6.3
里下河腹部	15.00	8.74	5.85	0.41	58.3	39.0	2.7
丰沛	8.90	0.00	2.48	6.42	0.0	27.8	72.1
骆马湖上游	12.87	0.00	7.33	5.54	0.0	57.0	43.0
赣榆	2.83	0.00	2.63	0.20	0.0	93.0	7.0
沂北	14.84	0.00	10.96	3.88	0.0	73.9	26.1
沂南	22.61	0.00	19.64	2.97	0.0	86.9	13.1
合计	106.96	10.49	74.73	21.74	9.8	69.9	20.3

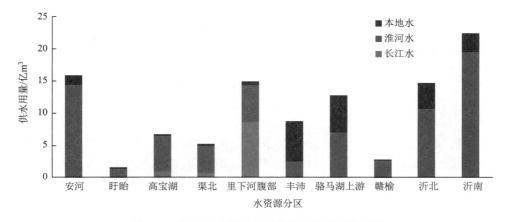

图 4-10　平水年水资源分区供水水源用量柱状图

从地级市层次上，各水源供水用量结果如表 4-8、图 4-11 所示。结合图和表可以得出如下规律，长江水在扬州、盐城和淮安供水用量比例较大，其中扬州比例最高，为65.6%，其次为盐城和淮安，比例分别为 17.3%和 7.6%，其余比例均为 0；扬州的淮河水供水用量比例最小为 32.6%，其余地级市的淮河水供水用量比例较大且均超过 50%，其中宿迁比例最大为 87.1%，徐州比例最小为 54.6%；本地水在徐州和连云港供水用量比例较大，其中徐州比例最大，为 45.4%，其次为连云港，比例为 23.5%。

表 4-8　平水年地级市供水水源用量

地级市	年总用水量/亿 m³	长江水用量/亿 m³	淮河水用量/亿 m³	本地水用量/亿 m³	长江水比例/%	淮河水比例/%	本地水比例/%
扬州	12.65	8.30	4.13	0.22	65.6	32.6	1.8
盐城	1.56	0.27	1.14	0.15	17.3	73.1	9.6
淮安	25.32	1.92	21.64	1.76	7.6	85.5	6.9
宿迁	23.36	0.00	20.34	3.02	0.0	87.1	12.9
徐州	28.50	0.00	15.57	12.93	0.0	54.6	45.4
连云港	15.57	0.00	11.91	3.66	0.0	76.5	23.5
总量	106.96	10.49	74.73	21.74	9.8	69.9	20.3

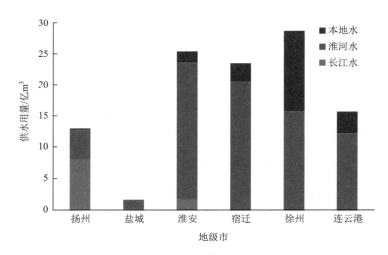

图 4-11　平水年地级市供水水源用量柱状图

从梯级层次来看，各水源供水用量结果如表 4-9、图 4-12 所示。结合图和表可以得出如下规律，长江水供水集中在第一、二梯级，供水用量比例分别为 62.3%、16.7%；除第一梯级和第九梯级的淮河水供水用量比例较小外，其余梯级的淮河供水用量比例都较大且均超过 50%，第四梯级比例最大，为 92.4%，其次为第五梯级 85.4%；本地水在第七梯级至第九梯级供水用量比例较大，其中第九梯级比例最大，为 70.6%，其次为第八梯级和第七梯级，比例分别为 44.9%和 42.9%。

表 4-9　平水年梯级供水水源用量

梯级	年总用水量/亿 m³	长江水用量/亿 m³	淮河水用量/亿 m³	本地水用量/亿 m³	长江水比例/%	淮河水比例/%	本地水比例/%
第一	14.69	9.15	5.24	0.30	62.3	35.7	2.0
第二	7.90	1.32	6.02	0.56	16.7	76.2	7.1
第三	40.80	0.02	34.62	6.16	0.0	84.9	15.1
第四	7.54	0.00	6.97	0.57	0.0	92.4	7.6
第五	8.21	0.00	7.01	1.20	0.0	85.4	14.6
第六	13.37	0.00	9.17	4.20	0.0	68.6	31.4
第七	2.24	0.00	1.28	0.96	0.0	57.1	42.9
第八	3.23	0.00	1.78	1.45	0.0	55.1	44.9
第九	8.98	0.00	2.64	6.34	0.0	29.4	70.6
总量	106.96	10.49	74.73	21.74	9.8	69.9	20.3

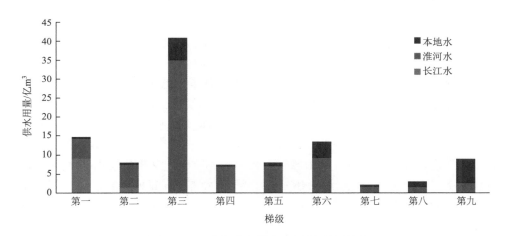

图 4-12　平水年梯级供水水源用量柱状图

4.1.4　结果分析

为了更直观地分析各典型年计算结果,本书绘制了不同典型年份水源用水量柱状图,如图 4-13 所示。经分析,我们可以得出如下结论。

(1)不同典型年份,淮河水用量远远大于长江水以及本地水,即研究区主要利用淮河水作为供水水源。

(2)本地水和淮河水是由天然产汇流关系形成的重力自流水,能耗较小,因此供水成本较低,而引长江水的供水线路长,能耗大,成本较高。因此,在满足供水要求的前提下,我们希望尽可能多地利用淮河水和本地水,从而减少对长江水的利用。因此淮河水以及本地水利用次序优先于长江水。对比特别干旱年、一般干旱年和平水年不同水源的供水用量数据，我们可以得出，不同典型年份来水越丰，相应的长江水用量呈现明显的减少趋势，而淮河水以及本地水用量变化并不明显，长江水利用次序较低。因此本书模型从优化水源结构出发，达到了水资源高效利用的目的。

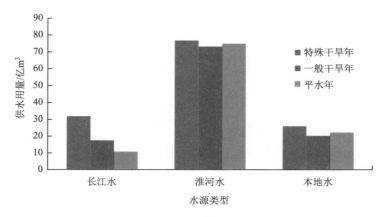

图 4-13　不同典型年份水源供水用量柱状图

4.2　南水北调新增工程与原江水北调工程对比分析

江苏南水北调工程主要是在现有江水北调工程基础上的扩大规模、向北延伸。江水北调工程始建于 1963 年，是我国迄今最早的水资源调度工程，受益范围覆盖苏中、苏北 7 市，受益面积达到 6.3 万 km²，人口近 4000 万，耕地 300 万 hm²。工程以江都抽水泵站（江都水利枢纽）为龙头从长江抽水，利用京杭大运河往北经淮安、宿迁向连云港和徐州送水，直至苏鲁边界的微山湖。江水北调工程全长 404km，设 9 个提水梯级，建设 17 座大型泵站，长江边一级抽水规模为 400m³/s。江水北调工程建成以来，年平均送水规模达到 40 多亿 m³，干旱年份达到 70 多亿 m³，在苏北地区经济社会发展中一直发挥着巨大的作用。

2002 年开工新建的南水北调东线江苏段工程，在原有以京杭大运河为输水干线的江水北调工程基础上，新建宝应站、淮安四站等 11 座泵站，改扩建泗阳站、刘山站等 3 座泵站，加固改造江都三站、四站等 4 座泵站，形成了江苏境内双线输水格局。南水北调东线工程干线总长 1156km，沿线通过 13 个梯级泵站逐级提水北上，总扬程 65m。其中，江苏省境内 404km，9 个梯级泵站，即江水北调工程的梯级布置。南水北调东线工程分三期实施，江苏省南水北调东线一期工程建成后，新建南水北调工程与现有江水北调工程共同构成调水工程体系，长江边一级抽水规模达到 500m³/s，年平均新增供水量 36 亿 m³，其中江苏境内使用 19.3 亿 m³，向山东供水 13.5 亿 m³，洪泽湖周边安徽省用水 3.2 亿 m³。

江苏省南水北调一期工程建设主要分为调水工程和治污工程两部分。一是调水工程，批复总投资 131.7 亿元。主要内容为：扩建、改造运河一线调水工程，新辟、完善三阳河、金宝航道、徐洪河一线调水工程，新（改）建 14 座泵站、加固改造江水北调工程 4 座泵站。此外，实施里下河水源调整，洪泽湖、南四湖蓄水位抬高影响处理等项目。二是治污工程，分两批实施。第一批是根据《南水北调东线治污规划》及《南水北调东线江苏段14 个控制单元治污方案》确定的 102 项治污项目，投资 70.2 亿元。主要包括：工业点源治理项目 65 项、城镇污水处理工程项目 26 项、综合治理工程 6 项、截污导流工程 5 项。第二批是江苏省政府为确保干线水质稳定达标，在第一批项目基本完成的基础上确定的203 个新增治污项目，规划总投资 63 亿元。主要包括新沂市、丰县沛县、睢宁县及宿迁市二期等 4 个尾水资源化利用及导流工程，丰县复新河、邳州张楼、高邮北澄子河等 3 个水质断面 158 个综合整治工程，27 个污水处理厂管网配套工程以及沿线 14 个断面水质自动监测站等项目。研究区江水北调、南水北调工程一览表见表 4-10 所示。

表 4-10　研究区江水北调和南水北调工程一览表

梯级	江水北调	南水北调（新建、改扩建）
第一	江都一站 江都二站 江都三站 江都四站	宝应站
第二	淮安一站 淮安二站 淮安三站 石港站	淮安四站 金湖站
第三	淮阴一站 淮阴二站 高良涧闸站 蒋坝站	淮阴三站 洪泽站
第四	泗阳一站 泗阳二站	泗洪站
第五	刘老涧站 沙集站	刘老涧二站 睢宁二站
第六	皂河站 刘集站	邳州站 皂河二站
第七	刘山北站 刘山南站 单集站	刘山站
第八	解台站 大庙站	解台站
第九	沿湖站	蔺家坝泵站

4.2.1　特别干旱年

按江水北调与南水北调的工程能力和工程成本对调水过程进行优化，由于江水北调工程成本相对于南水北调较低，因此本研究优先启用江水北调进行调水，在工程能力不满足供水要求时，才要求启用南水北调工程。调水工程共分为九个梯级，各梯级泵站调水结果如表 4-11、图 4-14 所示。

表 4-11　特别干旱年研究区江水北调、南水北调工程泵站调水量

梯级	年总调水量/亿 m^3	江水北调工程调水量/亿 m^3	南水北调工程调水量/亿 m^3	江水北调工程调水量占比/%	南水北调工程调水量占比/%
第一	81.18	80.23	0.95	98.83	1.17
第二	38.15	35.79	2.36	93.81	6.19
第三	56.07	35.40	20.67	63.14	36.86
第四	28.48	11.82	16.65	41.50	58.50
第五	15.34	3.21	12.13	20.91	79.09
第六	1.25	0.00	1.25	0.00	100.00
第七	5.92	5.92	0.00	100.00	0.00
第八	10.19	10.19	0.00	100.00	0.00
第九	1.14	1.14	0.00	100.00	0.00
总量	237.72	183.69	54.01	77.27	22.72

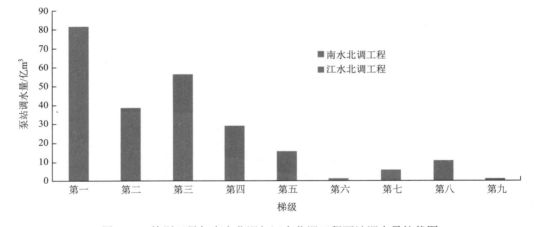

图 4-14　特别干旱年南水北调与江水北调工程泵站调水量柱状图

结果显示，对于特别干旱年，研究区主要利用江水北调工程进行调水，利用江水北调工程和南水北调工程年调水分别为 183.69 亿 m^3、54.01 亿 m^3，其中江水北调调水量占比较大，约占江苏省境内梯级泵站总调水量的 77.27%，南水北调工程调水量占比相对较小，约为 22.72%。对于第一和第二梯级序列，主要由江水北调工程泵站进行调水，占泵站总调水量的比例分别为 98.83%、93.81%；对于第三至第五梯级，由江水北调工程和南水北调工程泵站共同进行调水，两工程调水量并无显著差别；对于第六梯级，只由南水北调工程泵站进行调水；对于第七至第九梯级，只由江水北调工程泵站进行调水。

4.2.2　一般干旱年

按江水北调与南水北调的工程能力和工程成本对调水过程进行优化，由于江水北调的工程成本相对于南水北调较低，因此本研究优先启用江水北调进行调水，在工程能力不满足供水要求时，要求启用南水北调工程。调水工程共分为九个梯级，各梯级泵站调水结果如表 4-12、图 4-15 所示。

表 4-12　一般干旱年研究区江水北调、南水北调工程泵站调水量

梯级	年总调水量/亿 m³	江水北调工程调水量/亿 m³	南水北调工程调水量/亿 m³	江水北调工程调水量占比/%	南水北调工程调水量占比/%
第一	43.86	41.32	2.54	94.21	5.79
第二	20.13	16.76	3.37	83.26	16.74
第三	14.11	14.11	0.00	100.00	0.00
第四	28.18	9.94	18.24	35.27	64.73
第五	13.09	3.21	9.88	24.52	75.48
第六	1.35	0.00	1.35	0.00	100.00
第七	3.58	3.58	0.00	100.00	0.00
第八	9.45	9.45	0.00	100.00	0.00
第九	1.33	1.33	0.00	100.00	0.00
总量	135.08	99.70	35.38	73.81	26.19

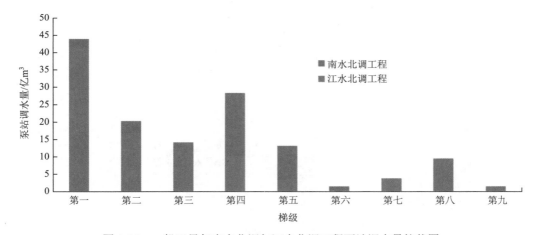

图 4-15　一般干旱年南水北调与江水北调工程泵站调水量柱状图

结果显示，对于一般干旱年，研究区主要利用江水北调工程进行调水，利用江水北调工程和南水北调工程年调水量分别为 99.70 亿 m³、35.38 亿 m³，其中江水北调调水量占比较大，约占江苏省境内梯级泵站总调水量的 73.81%，南水北调调水量占比相对较小，约为 26.19%。对于第一和第二梯级序列，主要由江水北调工程泵站进行调水，占泵站总调水量的比例分别为 94.21%、83.26%；对于第三梯级，只由江水北调工程泵站进行调水；对于第四至第五梯级，由江水北调和南水北调工程泵站共同进行调水；对于第六梯级，只由南水北调工程泵站进行调水；对于第七至第九梯级，只由江水北调工程泵站进行调水。

4.2.3　平水年

按江水北调与南水北调的工程能力和工程成本对调水过程进行优化，由于江水北调的工程成本相对于南水北调较低，因此本研究优先启用江水北调进行调水，在工程能力不满足供水要求时，才要求启用南水北调工程。调水工程共分为九个梯级，各梯级泵站调水结果如表 4-13、图 4-16 所示。

表 4-13　平水年研究区江水北调、南水北调工程泵站调水量

梯级	年总调水量/亿 m³	江水北调工程调水量/亿 m³	南水北调工程调水量/亿 m³	江水北调工程调水量占比/%	南水北调工程调水量占比/%
第一	37.61	37.55	0.06	99.84	0.16
第二	7.98	6.61	1.37	82.83	17.17
第三	0.09	0.09	0.00	100.00	0.00
第四	27.34	9.98	17.36	36.50	63.50
第五	12.66	3.08	9.58	24.32	75.68
第六	1.48	0.00	1.48	0.00	100.00
第七	5.01	5.01	0.00	100.00	0.00
第八	9.10	9.10	0.00	100.00	0.00
第九	2.20	2.20	0.00	100.00	0.00
总量	103.47	73.62	29.85	71.15	28.85

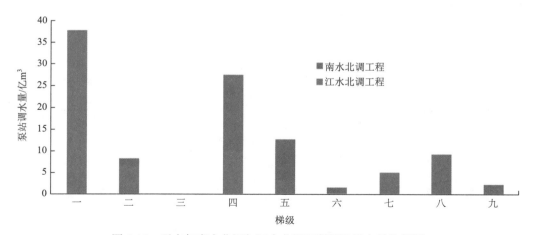

图 4-16　平水年南水北调与江水北调工程泵站调水量柱状图

结果显示，对于平水年，研究区主要利用江水北调工程进行抽水，利用江水北调工程和南水北调工程年调水量分别为 73.62 亿 m³、29.85 亿 m³，其中江水北调工程的调水量占比较大，约占江苏省境内梯级泵站总调水量的 71.15%，南水北调工程的调水量占比相对较小，约为 28.85%。对于第一和第二梯级序列，主要由江水北调工程泵站进行调水，占泵站总调水量的比例分别 99.84%、82.83%；对于第三梯级，由江水北调工程泵站进行调水；对于第四至第五梯级，由江水北调和南水北调工程泵站共同进行调水；对于第六梯级，只由南水北调工程泵站进行调水；对于第七至第九梯级，只由江水北调工程泵站进行调水。

4.2.4　结果分析

为了更直观地分析各典型年计算结果，绘制了不同典型年不同工程调水量柱状图，如图 4-17 所示。经分析，我们可以得出如下结论。

（1）对于不同典型年，由于本书提出的调度模型默认优先利用江水北调工程，因此只有在江水北调工程能力不足的情况下才会启动南水北调工程，利用江水北调工程所属泵站抽水量远远大于南水北调工程，即研究区主要利用江水北调工程实现水资源的空间分配。

（2）对比特别干旱年、一般干旱年和平水年不同工程的调水量数据，我们可以得出，不同典型年的来水越丰，相应的工程调水量呈现明显的减少趋势，这与实际调度情况相符合，也在一定程度上证明了本书提出模型的合理性与有效性。

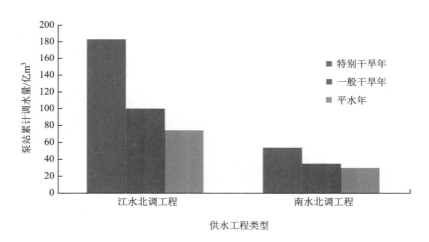

图 4-17　不同典型年不同工程调水量柱状图

4.3　本 章 小 结

本章主要从两个层次进行水源划分：一是长江水、淮河水、本地水、地下水水源划分；二是划分南水北调新增工程、原江水北调工程系统的供水量，主要目的在于摸清长江水、淮河水、本地水的具体行踪"路线图"，总结不同水源以及水工程集群的供水规律。主要结论如下。

（1）对于不同典型年，淮河水供水用量远远大于长江水以及本地水，即研究区主要利用淮河水作为供水水源。

（2）本地水和淮河水是由天然产汇流关系形成的重力自流水，能耗较小，因此供水成本较低，而长江水的供水线路长，能耗大，成本较高。因此，在满足供水要求的前提下，我们希望尽可能多地利用淮河水和本地水，从而减少对长江水的利用。因此淮河以及本地水利用次序优先于长江水。对比特别干旱年、一般干旱年和平水年不同水源的用水量数据，我们可以得出，不同典型年的来水越丰，相应的长江水用量呈现明显的减少趋势，而淮河以及本地水用量变化并不明显，长江水利用次序较低。因此本模型从优化水源结构出发，达到了水资源高效利用的目的。

（3）对于不同典型年，由于本书提出的调度模型默认优先利用江水北调工程，因此只有在江水北调工程能力不足的情况下才会启动南水北调工程，利用江水北调工程所属泵站的调水量远远大于南水北调工程，即研究区主要利用江水北调工程实现水资源的空间分配。

（4）对比特别干旱年、一般干旱年和平水年不同工程的调水量数据，可以得出：不同典型年的来水越丰，相应的工程调水量呈现明显的减少趋势，这与实际调度情况相符合，也在一定程度上证明了本书提出模型的合理性与有效性。

第 5 章　不同典型年下多水源微观尺度水资源配置方案

本章主要提出了水资源配置方案中需水、供水和缺水成果[①]，有关研究区干线长江水、淮河水、本地水等供水水源配置方案成果详见 4.1 节，本章不再赘述。另外，研究区面上供水以本地水为主，不进行供水水源结构研究。

5.1　原调度方案下水资源供需平衡分析

5.1.1　需水

1. 特别干旱年

特别干旱年不同统计口径研究区需水量如表 5-1～表 5-3、图 5-1～图 5-7 所示。研究区需水总量为 187.11 亿 m^3，其中农业需水量为 121.41 亿 m^3，工业需水量为 33.16 亿 m^3，生活需水量为 18.60 亿 m^3，生态需水量为 6.15 亿 m^3，船闸需水量为 7.79 亿 m^3。五类水用户的需水量主要为农业需水量，地级市、水资源分区、梯级中农业水用户需水量占比依次为 65%、65%、79%；其他四类水用户所占比例较少。

特别干旱年淮安、徐州两个地级市需水量占研究区需水总量比例较大，其中徐州需水量最大，为 56.77 亿 m^3，占研究区需水总量的 30%；淮安需水量次之，为 44.26 亿 m^3，占研究区需水总量的 24%；宿迁需水量排第三，为 37.33 亿 m^3，占研究区需水总量的 20%；扬州所占比例为 9%；连云港所占比例为 16%；盐城需水量最小，为 2.13 亿 m^3，占研究区需水总量的 1%。

特别干旱年地级市五类水用户需水量中各地级市农业水用户需水量均为最高，徐州、淮安、宿迁尤为突出。除扬州以船闸的需求量最大外，其余地级市五类水用户需水量前三位依次为农业、工业、生活，超过总需求量的 50%。

特别干旱年骆马湖上游、沂南和安河区需水量占研究区需水总量的比例较大，其中沂南区需水量为 35.07 亿 m^3，占研究区需水总量的 19%；安河区、骆马湖上游和沂北区所占比例分别为 16%、15%、16%；盱眙区需水量最小，为 2.08 亿 m^3，占研究区需水总量的 1%；其他水资源分区所占比例为 2%～12%。

特别干旱年研究区第一梯级、第三梯级、第六梯级占研究区需水总量的比例较大，其中第三梯级需水量最大，为 55.68 亿 m^3，占研究区需水总量的 39%；第六梯级次之，为 17.03 亿 m^3，占研究需水量的 12%；第一梯级排第三，为 16.29 亿 m^3，占研究区需水

[①] 本章的供需结果中，地级市和水资源分区层面的数据结果包括了面上用水和干线用水，而干线、梯级等其他层面只包括干线结果。本章各数据进行过修约计算，故加和与总计有部分偏差。

总量的 12%；第七梯级最小，为 2.51 亿 m³，占研究区需水总量的 2%；其他梯级所占比例为 3%～10%。

表 5-1　特别干旱年研究区地级市需水量　　　　（单位：亿 m³）

地级市	船闸	工业	农业	生活	生态	合计
扬州	6.36	1.92	4.68	1.38	2.36	16.70
盐城	0.00	0.00	2.02	0.11	0.00	2.13
淮安	0.07	7.41	32.29	3.88	0.61	44.26
宿迁	0.02	2.90	29.47	3.22	1.72	37.33
徐州	0.32	12.34	36.23	6.69	1.19	56.77
连云港	1.02	8.59	16.72	3.32	0.27	29.92
研究区	7.79	33.16	121.41	18.60	6.15	187.11

表 5-2　特别干旱年研究区水资源分区需水量　　　　（单位：亿 m³）

水资源分区	船闸	工业	农业	生活	生态	合计
安河区	0.21	3.48	23.02	2.49	0.28	29.48
盱眙区	0.00	0.42	1.26	0.33	0.07	2.08
高宝湖区	0.07	1.97	10.95	0.69	0.12	13.80
渠北区	0.00	1.26	5.78	0.00	0.00	7.04
里下河腹部区	6.36	3.64	7.74	1.81	2.41	21.96
丰沛区	0.00	1.44	12.21	1.73	0.07	15.45
骆马湖上游区	0.07	8.58	15.70	2.95	0.31	27.61
赣榆区	0.02	1.80	1.73	0.55	0.05	4.15
沂北区	0.24	5.61	18.92	4.48	1.22	30.47
沂南区	0.82	4.96	24.10	3.57	1.62	35.07
研究区	7.79	33.16	121.41	18.60	6.15	187.11

表 5-3　特别干旱年研究区梯级需水量　　　　（单位：亿 m³）

梯级	船闸	工业	农业	生活	生态	合计
第一	6.36	0.05	6.87	0.80	2.21	16.29
第二	0.00	1.27	9.06	0.35	0.00	10.68
第三	1.11	4.76	45.19	4.58	0.04	55.68
第四	0.21	0.02	9.57	0.25	0.01	10.06
第五	0.07	0.01	8.28	0.22	1.62	10.20
第六	0.00	0.19	15.43	1.40	0.01	17.03
第七	0.00	0.73	1.45	0.33	0.00	2.51
第八	0.04	0.13	3.83	0.00	0.00	4.00
第九	0.00	0.85	12.00	1.46	0.51	14.82
研究区	7.79	8.01	111.68	9.39	4.40	141.27

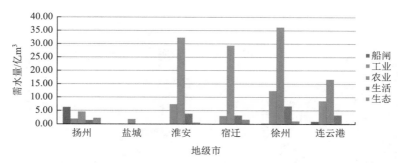

图 5-1　特别干旱年地级市五类水用户需水量

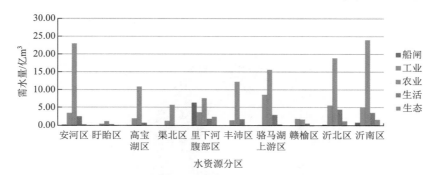

图 5-2　特别干旱年水资源分区五类水用户需水量

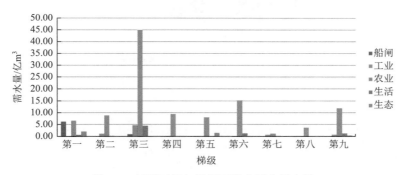

图 5-3　特别干旱年梯级五类水用户需水量

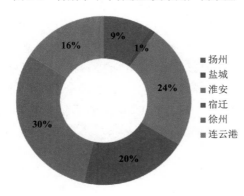

图 5-4　特别干旱年各地级市需水比例

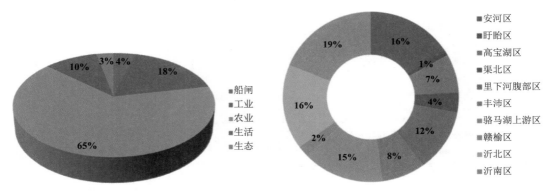

图 5-5　特别干旱年水资源分区五类水用户需水比例　　　图 5-6　特别干旱年水资源分区需水比例

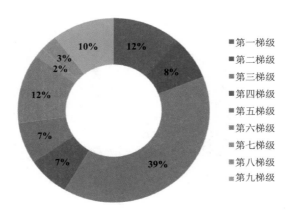

图 5-7　特别干旱年梯级需水比例

2. 一般干旱年

一般干旱年不同统计口径研究区需水量如表 5-4～表 5-6、图 5-8～图 5-14 所示。研究区需水总量为 161.49 亿 m^3，其中农业需水量为 95.71 亿 m^3，工业需水量为 33.18 亿 m^3，生活需水量为 18.62 亿 m^3，生态需水量为 6.17 亿 m^3，船闸需水量为 7.81 亿 m^3。五类水用户的需水量主要为农业需水量，地级市、水资源分区、梯级中农业水用户需水量占比依次为 59%、59%、74%；其他四类水用户所占比例较少，在 4%～21%。

一般干旱年中淮安、徐州两个地级市需水占研究区需水总量比例较大，其中徐州需水量最大，为 50.93 亿 m^3，约占研究区需水总量的 31%；淮安需水量次之，为 36.99 亿 m^3，占研究区需水总量的 23%；宿迁需水量排第三，为 30.38 亿 m^3，占研究区需水总量的 19%；扬州所占比例为 10%；连云港所占比例为 16%；盐城需水量最小，为 1.79 亿 m^3，占研究区需水总量的 1%。一般干旱年地级市五类水用户需水量中，除扬州以船闸的需水量最大外，其余各地级市农业需水量最高，相较于特别干旱年所占比例有所下降。

一般干旱年沂南区和安河区需水量占研究区需水总量的比例较大，其中安河区需水量为 25.60 亿 m^3，占研究区需水总量的 16%；沂南区需水量为 28.07 亿 m^3，占研究区需水量的 17%；里下河腹部、骆马湖上游、沂北分别占研究区需水量的 13%、15%、16%；

盱眙区需水量最小，为 1.64 亿 m³，占研究区需水总量的 1%；其他水资源分区所占比例为 2%～9%。

一般干旱年研究区第一梯级、第三梯级、第六梯级占研究区需水总量的比例较大，其中第三梯级需水量最大，为 42.28 亿 m³，约占研究区需水总量的 37%；第一梯级其次，为 15.32 亿 m³，占研究区需水总量的 13%；第七梯级最小，为 2.28 亿 m³，占研究区需水总量的 2%。

表 5-4　一般干旱年研究区地级市需水量　　（单位：亿 m³）

地级市	船闸	工业	农业	生活	生态	合计
扬州	6.38	1.92	4.09	1.38	2.37	16.14
盐城	0.00	0.00	1.68	0.11	0.00	1.79
淮安	0.07	7.42	25.00	3.89	0.61	36.99
宿迁	0.02	2.90	22.51	3.22	1.73	30.38
徐州	0.32	12.35	30.38	6.69	1.19	50.93
连云港	1.02	8.59	12.05	3.33	0.27	25.26
研究区	7.81	33.18	95.71	18.62	6.17	161.49

表 5-5　一般干旱年研究区水资源分区需水量　　（单位：亿 m³）

水资源分区	船闸	工业	农业	生活	生态	合计
安河区	0.21	3.48	19.14	2.49	0.28	25.60
盱眙区	0.00	0.42	0.82	0.33	0.07	1.64
高宝湖区	0.07	1.97	8.31	0.70	0.12	11.17
渠北区	0.00	1.26	4.58	0.00	0.00	5.84
里下河腹部区	6.38	3.64	7.08	1.81	2.41	21.32
丰沛区	0.00	1.44	10.72	1.73	0.07	13.96
骆马湖上游区	0.07	8.58	13.09	2.96	0.31	25.01
赣榆区	0.02	1.80	1.35	0.55	0.05	3.77
沂北区	0.24	5.61	13.54	4.49	1.23	25.11
沂南区	0.82	4.98	17.08	3.56	1.63	28.07
研究区	7.81	33.18	95.71	18.62	6.17	161.49

表 5-6　一般干旱年研究区梯级需水量　　（单位：亿 m³）

梯级	船闸	工业	农业	生活	生态	合计
第一	6.38	0.05	5.88	0.80	2.21	15.32
第二	0.00	1.28	7.23	0.35	0.00	8.86
第三	1.11	4.78	31.76	4.59	0.04	42.28
第四	0.21	0.02	7.63	0.25	0.01	8.12
第五	0.07	0.01	6.30	0.22	1.62	8.22

续表

梯级	船闸	工业	农业	生活	生态	合计
第六	0.00	0.19	12.34	1.41	0.01	13.95
第七	0.00	0.74	1.20	0.34	0.00	2.28
第八	0.04	0.13	3.21	0.00	0.00	3.38
第九	0.00	0.85	10.42	1.46	0.51	13.24
研究区	7.81	8.05	85.97	9.42	4.40	115.65

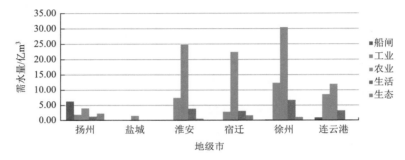

图 5-8 一般干旱年地级市五类水用户需水量

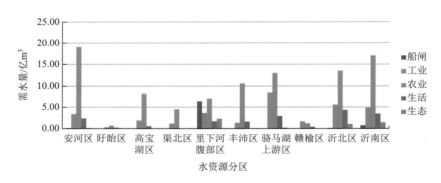

图 5-9 一般干旱年水资源分区五类水用户需水量

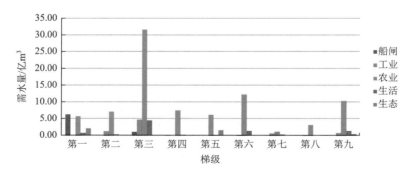

图 5-10 一般干旱年梯级五类水用户需水量

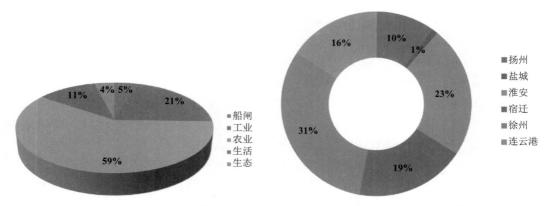

图 5-11　一般干旱年地级市五类水用户需水比例　　　图 5-12　一般干旱年各地级市需水比例

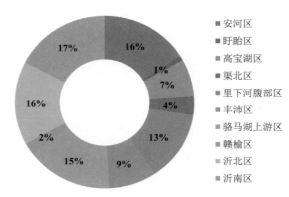

图 5-13　一般干旱年水资源分区需水比例

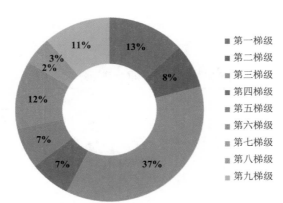

图 5-14　一般干旱年梯级需水比例

3. 平水年

平水年不同统计口径研究区需水量如表 5-7～表 5-9、图 5-15～图 5-21 所示。研究区需水总量为 157.17 亿 m³，其中农业需水量为 91.47 亿 m³，工业需水量为 33.16 亿 m³，生活需水量为 18.60 亿 m^3，生态需水量为 6.15 亿 m^3，船闸需水量为 7.79 亿 m^3。五类用水户的需水量主要为农业需水量，地级市、水资源分区、梯级中农业用水户需水量占比依次为 58%、58%、73%；其他四类用水户所占比例较少，在 4%～21%。

平水年淮安、徐州两个地级市需水占研究区需水总量比例较大，其中徐州需水量最大，为 49.04 亿 m^3，占研究区需水总量的 31%；淮安需水量其次，为 35.38 亿 m^3，占研究区需水总量的 23%；宿迁需水量占研究区需水总量的 19%；扬州所占比例为 10%；连云港所占比例为 16%；盐城需水量最小，为 1.73 亿 m^3，占研究区需水总量的 1%。

平水年沂南区和沂北区两个水资源分区需水量占研究区需水总量的比例较大，其中沂南区需水量为 28.78 亿 m^3，占研究区需水量的 18%；沂北区需水量为 25.16 亿 m^3，占研究区需水总量的 16%；盱眙区需水量最小，为 2.67 亿 m^3，占研究区需水总量的 2%；其他水资源分区所占比例为 2%～16%。

平水年研究区第一梯级、第三梯级占研究区需水总量的比例较大，其中第三梯级需水量最大，为 41.80 亿 m^3，占研究区需水总量的 38%；第一梯级其次，为 14.69 亿 m^3，占研究区需水总量的 13%；第七梯级最小，为 2.25 亿 m^3，占研究区需水总量的 2%。

表 5-7　平水年研究区地级市需水量　　　　（单位：亿 m^3）

地级市	船闸	工业	农业	生活	生态	合计
扬州	6.36	1.92	3.79	1.38	2.36	15.81
盐城	0.00	0.00	1.62	0.11	0.00	1.73
淮安	0.07	7.41	23.41	3.88	0.61	35.38
宿迁	0.02	2.90	21.80	3.22	1.72	29.66
徐州	0.32	12.34	28.50	6.69	1.19	49.04
连云港	1.02	8.59	12.35	3.32	0.27	25.55
研究区	7.79	33.16	91.47	18.60	6.15	157.17

表 5-8　平水年研究区水资源分区需水量　　　　（单位：亿 m^3）

水资源分区	船闸	工业	农业	生活	生态	合计
安河区	0.21	3.48	17.18	2.49	0.28	23.64
盱眙区	0.00	0.42	1.85	0.33	0.07	2.67
高宝湖区	0.07	1.97	6.59	0.69	0.12	9.44
渠北区	0.00	1.26	4.11	0.00	0.00	5.37
里下河腹部区	6.36	3.64	6.58	1.81	2.41	20.80
丰沛区	0.00	1.44	9.63	1.73	0.07	12.87
骆马湖上游区	0.07	8.58	12.87	2.95	0.31	24.78
赣榆区	0.02	1.80	1.24	0.55	0.05	3.66
沂北区	0.24	5.61	13.61	4.48	1.22	25.16
沂南区	0.82	4.96	17.81	3.57	1.62	28.78
研究区	7.79	33.16	91.47	18.60	6.15	157.17

表 5-9　平水年研究区梯级需水量　　　　　　　　（单位：亿 m³）

梯级	船闸	工业	农业	生活	生态	合计
第一	6.36	0.05	5.27	0.80	2.21	14.69
第二	0.00	1.27	6.27	0.35	0.00	7.89
第三	1.11	4.76	31.31	4.58	0.04	41.80
第四	0.21	0.02	7.06	0.25	0.01	7.55
第五	0.07	0.01	6.28	0.22	1.62	8.20
第六	0.00	0.19	11.88	1.40	0.01	13.48
第七	0.00	0.73	1.19	0.33	0.00	2.25
第八	0.04	0.13	3.14	0.00	0.00	3.31
第九	0.00	0.85	9.33	1.46	0.51	12.15
研究区	7.79	8.01	81.73	9.39	4.40	111.32

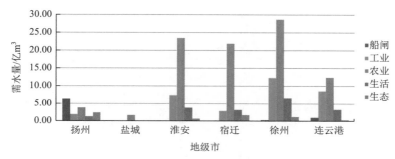

图 5-15　平水年地级市五类水用户需水量

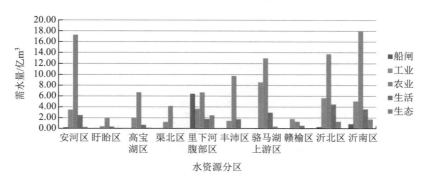

图 5-16　平水年水资源分区五类水用户需水量

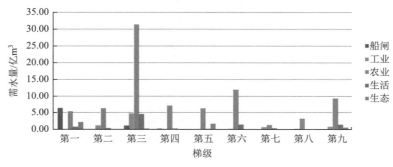

图 5-17　平水年梯级五类水用户需水量

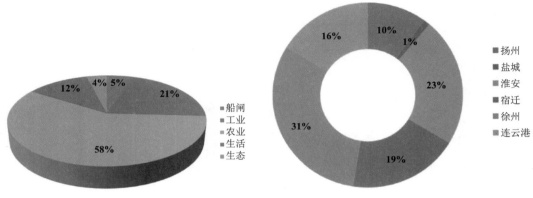

图 5-18　平水年地级市五类水用户需水比例　　　　图 5-19　平水年各地级市需水比例

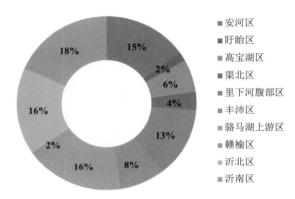

图 5-20　平水年水资源分区需水比例

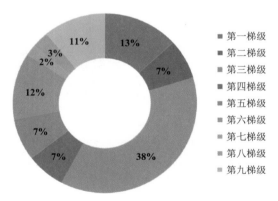

图 5-21　平水年梯级需水比例

5.1.2　供水

1. 特别干旱年

特别干旱年不同统计口径研究区供水量如表 5-10～表 5-12、图 5-22～图 5-28 所示。研究区供水总量为 177.35 亿 m³，其中农业供水量为 112.45 亿 m³，工业供水量为 32.76 亿 m³，生活供水量为 18.35 亿 m³，生态供水量为 6.04 亿 m³，船闸供水量为 7.75 亿 m³。五类用水户从地级市、水资源分区、梯级的主要供水量都为农业供水量，占总供水量比例依次为 63%、63%、78%；其他四类用水户所占比例为 4%~19%。

特别干旱年淮安、徐州两个地级市供水量占研究区供水总量比例较大，其中徐州供水量最大，为 49.98 亿 m³，占研究区供水总量的 28%；淮安供水量次之，为 44.06 亿 m³，占研究区供水总量的 25%；宿迁供水量占研究区供水总量的 21%；扬州所占比例为 10%；连云港所占比例为 15%；盐城供水量最小，为 2.13 亿 m³，占研究区供水总量的 1%。淮安、徐州、宿迁五类水用户供水量均以农业供水量为主。

特别干旱年水资源分区中沂南区供水量最大，为 34.87 亿 m³，占研究区供水总量的 20%；安河区供水量次之，为 28.98 亿 m³，占研究区供水总量的 16%；盱眙区供水量最小，为 2.06 亿 m³，占研究区供水总量的 1%。

特别干旱年梯级之中第三梯级供水量最大，为 52.77 亿 m³，占研究区供水总量的 40%；第六梯级次之，为 16.69 亿 m³，占研究区供水总量的 13%；第七梯级最小，为 1.79 亿 m³，占研究区供水总量的 1%。

表 5-10　特别干旱年研究区地级市供水量　　　（单位：亿 m³）

地级市	船闸	工业	农业	生活	生态	合计
扬州	6.36	1.92	4.68	1.38	2.36	16.70
盐城	0.00	0.00	2.02	0.11	0.00	2.13
淮安	0.07	7.41	32.14	3.83	0.61	44.06
宿迁	0.02	2.90	29.29	3.22	1.72	37.15
徐州	0.29	11.97	30.05	6.59	1.08	49.98
连云港	1.01	8.56	14.27	3.22	0.27	27.33
研究区	7.75	32.76	112.45	18.35	6.04	177.35

表 5-11　特别干旱年研究区水资源分区供水量　　　（单位：亿 m³）

水资源分区	船闸	工业	农业	生活	生态	合计
安河区	0.19	3.48	22.55	2.48	0.28	28.98
盱眙区	0.00	0.42	1.24	0.33	0.07	2.06
高宝湖区	0.07	1.97	10.89	0.64	0.12	13.69
渠北区	0.00	1.26	5.78	0.00	0.00	7.04
里下河腹部区	6.35	3.64	7.74	1.81	2.41	21.95
丰沛区	0.00	1.09	7.92	1.73	0.04	10.78
骆马湖上游区	0.07	8.56	14.18	2.87	0.27	25.95
赣榆区	0.02	1.80	1.56	0.54	0.05	3.97
沂北区	0.24	5.58	16.68	4.38	1.18	28.06
沂南区	0.81	4.96	23.91	3.57	1.62	34.87
研究区	7.75	32.76	112.45	18.35	6.04	177.35

表 5-12　特别干旱年研究区梯级供水量　　　　　（单位：亿 m³）

梯级	船闸	工业	农业	生活	生态	合计
第一	6.36	0.05	6.87	0.80	2.21	16.29
第二	0.00	1.27	9.05	0.35	0.00	10.67
第三	1.10	4.73	42.50	4.42	0.02	52.77
第四	0.19	0.02	9.48	0.25	0.01	9.95
第五	0.07	0.01	8.24	0.22	1.56	10.10
第六	0.00	0.19	15.10	1.40	0.00	16.69
第七	0.00	0.36	1.18	0.25	0.00	1.79
第八	0.03	0.12	2.91	0.00	0.00	3.06
第九	0.00	0.85	7.37	1.46	0.48	10.16
研究区	7.75	7.60	102.70	9.15	4.28	131.48

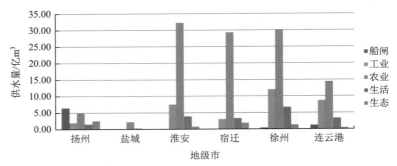

图 5-22　特别干旱年地级市五类水用户供水量

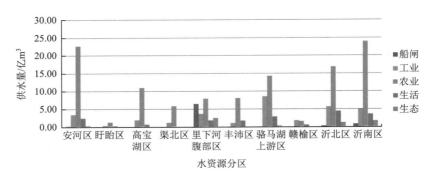

图 5-23　特别干旱年水资源分区五类水用户供水量

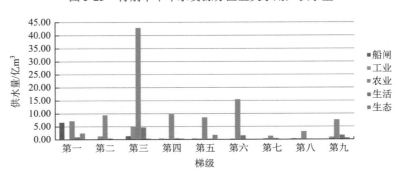

图 5-24　特别干旱年梯级五类水用户供水量

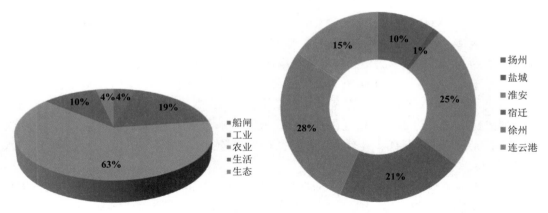

图 5-25　特别干旱年地级市五类水用户供水比例　　　图 5-26　特别干旱年各地级市供水比例

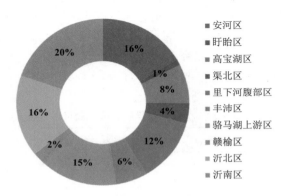

图 5-27　特别干旱年水资源分区供水比例

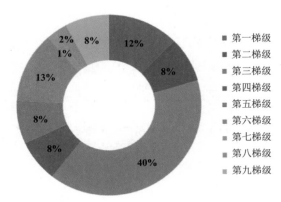

图 5-28　特别干旱年梯级供水比例

2. 一般干旱年

一般干旱年不同统计口径研究区供水量如表 5-13～表 5-15，图 5-29～图 5-35 所示。研究区供水总量为 155.30 亿 m^3，其中农业供水量为 89.63 亿 m^3，工业供水量为 33.12 亿 m^3，生活供水量为 18.60 亿 m³，生态供水量为 6.14 亿 m³，船闸供水量为 7.81 亿 m³。五类用水户从地级市、水资源分区、梯级的主要供水量都为农业供水量，占研究区供水总量的比例依次为 58%、58%、73%；其他四类用水户所占比例为 4%～21%。

一般干旱年淮安、徐州两个地级市供水量占研究区供水总量比例较大，其中徐州供水量最大，为 45.80 亿 m³，占研究区供水总量的 29%；淮安供水量次之，为 36.97 亿 m³，占研究区供水总量的 24%；宿迁供水量占研究区供水总量的 20%；扬州供水量所占比例为 10%；连云港供水量所占比例为 16%；盐城供水量最小，为 1.79 亿 m³，占研究区供水总量的 1%。

一般干旱年水资源分区中沂南区供水量最大，为 27.94 亿 m³，占研究区供水总量的 18%；安河区供水量次之，占研究区供水总量的 16%，供水量为 25.46 亿 m³；里下河腹部区供水量为 21.33 亿 m³，占研究区供水总量的 14%；盱眙区供水量最小，为 1.64 亿 m³，占研究区供水总量的 1%；其他水资源分区所占比例为 2%～16%。

一般干旱年梯级之中第三梯级供水量最大，为 41.26 亿 m³，占研究区供水总量的 38%；第一梯级次之，为 15.32 亿 m³，占研究区供水总量的 14%；第七梯级最小，为 2.20 亿 m³，占研究区供水总量的 2%；其他梯级所占比例为 3%～13%。

表 5-13　一般干旱年研究区地级市供水量　（单位：亿 m³）

地级市	船闸	工业	农业	生活	生态	合计
扬州	6.38	1.92	4.09	1.38	2.37	16.14
盐城	0.00	0.00	1.68	0.11	0.00	1.79
淮安	0.07	7.42	24.98	3.89	0.61	36.97
宿迁	0.02	2.90	22.49	3.22	1.73	30.36
徐州	0.32	12.32	25.31	6.69	1.16	45.80
连云港	1.02	8.56	11.08	3.31	0.27	24.24
研究区	7.81	33.12	89.63	18.60	6.14	155.30

表 5-14　一般干旱年研究区水资源分区供水量　（单位：亿 m³）

水资源分区	船闸	工业	农业	生活	生态	合计
安河区	0.21	3.48	19.00	2.49	0.28	25.46
盱眙区	0.00	0.42	0.82	0.33	0.07	1.64
高宝湖区	0.07	1.97	8.31	0.69	0.12	11.16
渠北区	0.00	1.26	4.58	0.00	0.00	5.84
里下河腹部区	6.38	3.64	7.09	1.81	2.41	21.33
丰沛区	0.00	1.42	6.38	1.73	0.04	9.57
骆马湖上游区	0.07	8.58	12.48	2.95	0.31	24.39

续表

水资源分区	船闸	工业	农业	生活	生态	合计
赣榆区	0.02	1.80	1.26	0.55	0.05	3.68
沂北区	0.24	5.58	12.77	4.47	1.23	24.29
沂南区	0.82	4.97	16.94	3.58	1.63	27.94
研究区	7.81	33.12	89.63	18.60	6.14	155.30

表 5-15　一般干旱年研究区梯级供水量　　　　　　　（单位：亿 m³）

梯级	船闸	工业	农业	生活	生态	合计
第一	6.38	0.05	5.88	0.80	2.21	15.32
第二	0.00	1.28	7.23	0.35	0.00	8.86
第三	1.11	4.75	30.78	4.58	0.04	41.26
第四	0.21	0.02	7.63	0.25	0.01	8.12
第五	0.07	0.01	6.30	0.22	1.62	8.22
第六	0.00	0.19	12.29	1.41	0.01	13.90
第七	0.00	0.71	1.16	0.33	0.00	2.20
第八	0.04	0.13	2.90	0.00	0.00	3.07
第九	0.00	0.85	5.72	1.46	0.48	8.51
研究区	7.81	7.99	79.89	9.40	4.37	109.46

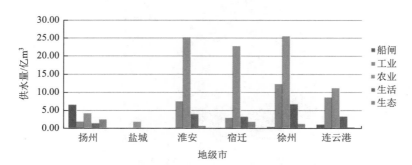

图 5-29　一般干旱年地级市五类水用户供水量

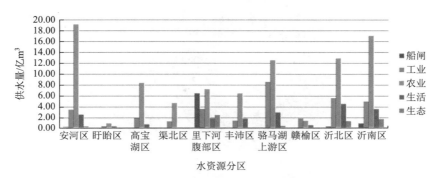

图 5-30　一般干旱年水资源分区五类水用户供水量

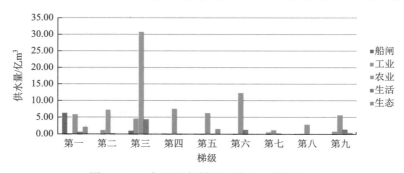

图 5-31　一般干旱年梯级五类水用户供水量

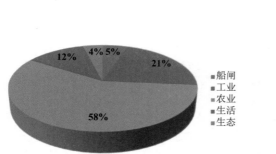

图 5-32　一般干旱年地级市五类用水户供水比例

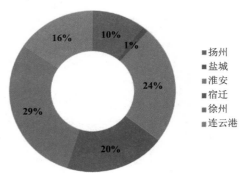

图 5-33　一般干旱年各地级市供水比例

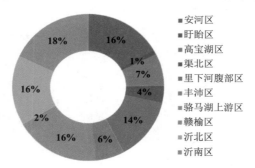

图 5-34　一般干旱年水资源分区供水比例

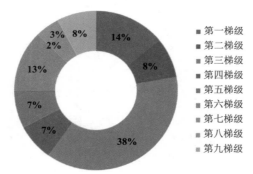

图 5-35　一般干旱年梯级供水比例

3. 平水年

平水年不同统计口径研究区供水量如表 5-16～表 5-18、图 5-36～图 5-42 所示。研究区供水总量为 152.80 亿 m³，其中农业供水量为 87.18 亿 m³，工业供水量为 33.13 亿 m³，生活供水量为 18.58 亿 m³，生态供水量为 6.12 亿 m³，船闸供水量为 7.79 亿 m³。五类用水户在地级市、水资源分区、梯级的主要供水量都为农业供水量，占研究区总供水量的比例依次为 57%、57%、72%；其他四类用水户所占比例为 4%～22%。

平水年淮安、徐州两个地级市供水占研究区供水总量比例较大，其中徐州供水量最大，为 45.75 亿 m³，占研究区供水总量的 30%；淮安供水量其次，为 35.38 亿 m³，占研究区供水总量的 23%；宿迁供水量约占研究区供水总量的 20%；扬州供水量所占比例为 10%；连云港供水量所占比例为 16%；盐城供水量最小，为 1.73 亿 m³，占研究区供水总量的 1%。

平水年水资源分区中沂南区供水量最大，为 28.78 亿 m³，占研究区供水总量的 19%；骆马湖上游区供水量次之，为 24.49 亿 m³，占研究区供水总量的 16%；盱眙区供水量最小，为 2.67 亿 m³，占研究区供水总量的 2%；其他水资源分区所占比例为 2%～16%。

平水年梯级之中第三梯级供水量最大，为 40.79 亿 m³，占研究区供水总量的 38%；第一梯级其次，为 14.69 亿 m³，占研究区供水总量的 14%；第七梯级最小，为 2.24 亿 m³，占研究区供水总量的 2%；其他梯级所占比例为 3%～13%。

表 5-16　平水年研究区地级市供水量　　　　　　　（单位：亿 m³）

地级市	船闸	工业	农业	生活	生态	合计
扬州	6.36	1.92	3.79	1.38	2.36	15.81
盐城	0.00	0.00	1.62	0.11	0.00	1.73
淮安	0.07	7.41	23.41	3.88	0.61	35.38
宿迁	0.02	2.90	21.74	3.22	1.72	29.60
徐州	0.32	12.34	25.24	6.69	1.16	45.75
连云港	1.02	8.56	11.38	3.30	0.27	24.53
研究区	7.79	33.13	87.18	18.58	6.12	152.80

表 5-17　平水年研究区水资源分区供水量　　　　　　（单位：亿 m³）

水资源分区	船闸	工业	农业	生活	生态	合计
安河区	0.21	3.48	17.05	2.49	0.28	23.51
盱眙区	0.00	0.42	1.85	0.33	0.07	2.67
高宝湖区	0.07	1.97	6.59	0.69	0.12	9.44
渠北区	0.00	1.26	4.11	0.00	0.00	5.37
里下河腹部区	6.36	3.64	6.58	1.81	2.41	20.80
丰沛区	0.00	1.44	6.73	1.73	0.04	9.94

续表

水资源分区	船闸	工业	农业	生活	生态	合计
骆马湖上游区	0.07	8.58	12.58	2.95	0.31	24.49
赣榆区	0.02	1.80	1.14	0.55	0.04	3.55
沂北区	0.24	5.58	12.74	4.46	1.23	24.25
沂南区	0.82	4.96	17.81	3.57	1.62	28.78
研究区	7.79	33.13	87.18	18.58	6.12	152.80

表 5-18　平水年研究区梯级供水量　　　　　（单位：亿 m³）

梯级	船闸	工业	农业	生活	生态	合计
第一	6.36	0.05	5.27	0.80	2.21	14.69
第二	0.00	1.27	6.27	0.35	0.00	7.89
第三	1.11	4.74	30.34	4.56	0.04	40.79
第四	0.21	0.02	7.06	0.25	0.01	7.55
第五	0.07	0.01	6.28	0.22	1.62	8.20
第六	0.00	0.19	11.78	1.40	0.01	13.38
第七	0.00	0.73	1.18	0.33	0.00	2.24
第八	0.04	0.13	3.07	0.00	0.00	3.24
第九	0.00	0.85	6.19	1.46	0.49	8.99
研究区	7.79	7.99	77.44	9.37	4.38	106.97

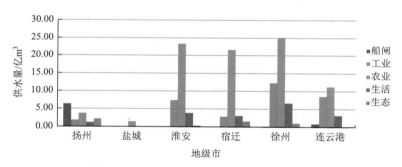

图 5-36　平水年地级市五类水用户供水量

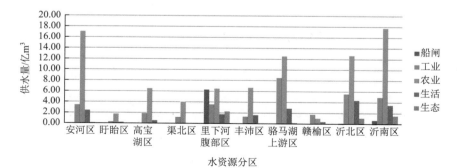

图 5-37　平水年水资源分区五类水用户供水量

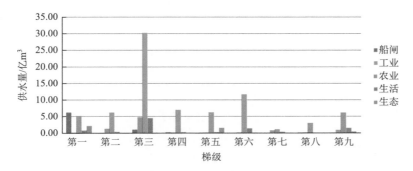

图 5-38　平水年梯级五类水用户供水量

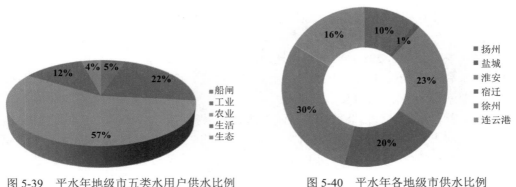

图 5-39　平水年地级市五类水用户供水比例　　　图 5-40　平水年各地级市供水比例

图 5-41　平水年水资源分区供水比例

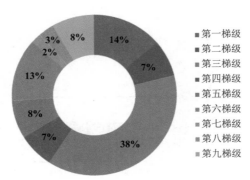

图 5-42　平水年梯级供水比例

5.1.3　缺水

1. 特别干旱年

特别干旱年不同统计口径研究区缺水量如表 5-19～表 5-21、图 5-43～图 5-49 所示。研究区缺水总量为 9.80 亿 m³，其中农业缺水量为 8.99 亿 m³，工业缺水量为 0.42 亿 m³，生活缺水量为 0.24 亿 m³，生态缺水量为 0.11m³，船闸缺水量为 0.04 亿 m³。五类用水户从地级市、水资源分区、梯级的主要缺水量都为农业缺水量，占比都为 92%；其他用水户所占比例为 1%～4%。

特别干旱年徐州、连云港两个地级市缺水量占研究区缺水总量比例较大，其中徐州缺水量最大，为 6.80 亿 m³，占研究区缺水总量的 69%；连云港缺水量次之，为 2.60 亿 m³，约占研究区缺水总量的 27%；淮安、宿迁缺水量分别为 0.21 亿 m³、0.19 亿 m³，各约占研究区缺水总量的 2%；扬州、盐城不产生缺水。淮安、徐州、连云港五类水用户缺水量均以农业缺水量为主，宿迁只有农业缺水。

特别干旱年丰沛区、沂北区和骆马湖上游区缺水量占研究区缺水总量的比例较大，其中沂北区缺水量为 2.42 亿 m³，占研究区缺水总量的 25%；丰沛区缺水量为 4.67 亿 m³，占研究区缺水总量的 48%；骆马湖上游区和安河区所占比例分别为 17%、5%；里下河腹部区不产生缺水。

特别干旱年研究区第三梯级、第八梯级、第九梯级占研究区缺水总量的比例较大，其中第九梯级缺水量最大，为 4.65 亿 m³，占研究区缺水总量的 48%；第三梯级次之，为 2.92 亿 m³，占研究区缺水总量的 30%；第一梯级不缺水。

表 5-19　特别干旱年研究区地级市缺水量　　　　　（单位：亿 m³）

地级市	船闸	工业	农业	生活	生态	合计
扬州	0.00	0.00	0.00	0.00	0.00	0.00
盐城	0.00	0.00	0.00	0.00	0.00	0.00
淮安	0.00	0.01	0.15	0.05	0.00	0.21
宿迁	0.00	0.00	0.19	0.00	0.00	0.19
徐州	0.03	0.38	6.19	0.09	0.11	6.80
连云港	0.01	0.03	2.46	0.10	0.00	2.60
研究区	0.04	0.42	8.99	0.24	0.11	9.80

表 5-20　特别干旱年研究区水资源分区缺水量　　　　　（单位：亿 m³）

水资源分区	船闸	工业	农业	生活	生态	合计
安河区	0.02	0.00	0.48	0.01	0.00	0.51
盱眙区	0.00	0.01	0.02	0.00	0.00	0.03

续表

水资源分区	船闸	工业	农业	生活	生态	合计
高宝湖区	0.00	0.00	0.06	0.05	0.00	0.11
渠北区	0.00	0.00	0.02	0.00	0.00	0.02
里下河腹部区	0.00	0.00	0.00	0.00	0.00	0.00
丰沛区	0.00	0.36	4.28	0.00	0.03	4.67
骆马湖上游区	0.01	0.02	1.53	0.09	0.02	1.67
赣榆区	0.00	0.00	0.17	0.00	0.00	0.17
沂北区	0.00	0.03	2.24	0.09	0.06	2.42
沂南区	0.01	0.00	0.19	0.00	0.00	0.20
研究区	0.04	0.42	8.99	0.24	0.11	9.80

表 5-21　特别干旱年研究区梯级缺水量　　　　　（单位：亿 m³）

梯级	船闸	工业	农业	生活	生态	合计
第一	0.00	0.00	0.00	0.00	0.00	0.00
第二	0.00	0.00	0.01	0.00	0.00	0.01
第三	0.01	0.05	2.69	0.15	0.02	2.92
第四	0.03	0.00	0.09	0.00	0.00	0.12
第五	0.00	0.00	0.04	0.01	0.06	0.11
第六	0.00	0.00	0.34	0.00	0.00	0.34
第七	0.00	0.37	0.27	0.08	0.00	0.72
第八	0.00	0.00	0.93	0.00	0.00	0.93
第九	0.00	0.00	4.62	0.00	0.03	4.65
研究区	0.04	0.42	8.99	0.24	0.11	9.80

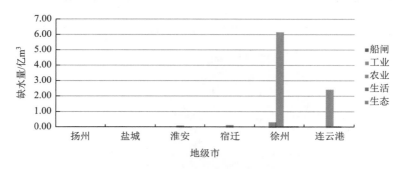

图 5-43　特别干旱年地级市五类水用户缺水量

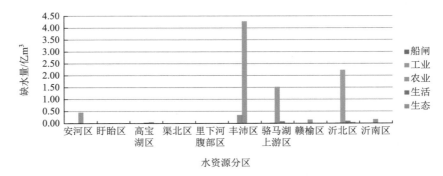

图 5-44　特别干旱年水资源分区五类水用户缺水量

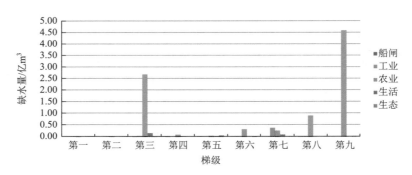

图 5-45　特别干旱年梯级区五类水用户缺水量

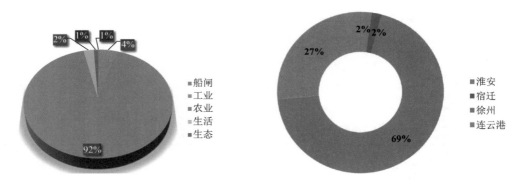

图 5-46　特别干旱年地级市五类水用户缺水比例　　图 5-47　特别干旱年各地级市缺水比例

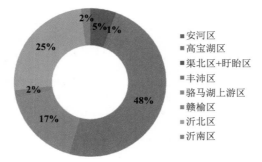

图 5-48　特别干旱年水资源分区缺水比例

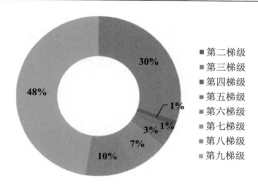

图 5-49　特别干旱年梯级缺水比例

2. 一般干旱年

一般干旱年不同统计口径研究区缺水量如表 5-22~表 5-24、图 5-50~图 5-55 所示。研究区缺水总量为 6.20 亿 m^3，其中农业缺水量为 6.09 亿 m^3，工业缺水量为 0.06 亿 m^3，生活缺水量为 0.01 亿 m^3，生态缺水量为 0.03 亿 m^3，船闸缺水量为 0.01 亿 m^3。五类用水户的缺水量主要为农业缺水量，占缺水量的 98%，缺水总量低于特别干旱年缺水量。

一般干旱年徐州、连云港两个地级市缺水占研究区缺水总量比例较大，其中徐州缺水量最大，为 5.14 亿 m^3，占研究区缺水总量的 83%；连云港缺水量次之，为 1.02 亿 m^3，占研究区缺水总量的 16%；淮安和宿迁所占比例共为 1%；扬州、盐城不产生缺水。

一般干旱年丰沛区、沂北区、骆马湖上游区缺水量占研究区缺水总量的比例较大，其中丰沛区缺水量为 4.41 亿 m^3，占研究区缺水总量的 71%；沂北区、骆马湖上游区所占比例分别为 13%、10%；安河区、赣榆区、沂南区所占比例共为 6%；盱眙区、高宝湖区、渠北区、里下河腹部区不产生缺水。

一般干旱年研究区第三梯级、第九梯级占研究区缺水总量的比例较大，其中第九梯级缺水量最大，为 4.73 亿 m^3，占研究区缺水总量的 76%；第三梯级其次，为 1.04 亿 m^3，占研究区缺水总量的 17%；第一、二、四、五梯级不缺水。

表 5-22　一般干旱年研究区地级市缺水量　　　　　　　　（单位：亿 m^3）

地级市	船闸	工业	农业	生活	生态	合计
扬州	0.00	0.00	0.00	0.00	0.00	0.00
盐城	0.00	0.00	0.00	0.00	0.00	0.00
淮安	0.00	0.00	0.02	0.00	0.00	0.02
宿迁	0.00	0.00	0.02	0.00	0.00	0.02
徐州	0.00	0.03	5.08	0.00	0.03	5.14
连云港	0.01	0.03	0.97	0.01	0.00	1.02
研究区	0.01	0.06	6.09	0.01	0.03	6.20

表 5-23   一般干旱年研究区水资源分区缺水量   （单位：亿 m³）

水资源分区	船闸	工业	农业	生活	生态	合计
安河区	0.00	0.00	0.14	0.00	0.00	0.14
盱眙区	0.00	0.00	0.00	0.00	0.00	0.00
高宝湖区	0.00	0.00	0.00	0.00	0.00	0.00
渠北区	0.00	0.00	0.00	0.00	0.00	0.00
里下河腹部区	0.00	0.00	0.00	0.00	0.00	0.00
丰沛区	0.00	0.03	4.35	0.00	0.03	4.41
骆马湖上游区	0.00	0.00	0.61	0.00	0.00	0.61
赣榆区	0.00	0.00	0.09	0.00	0.00	0.09
沂北区	0.00	0.03	0.77	0.01	0.00	0.81
沂南区	0.01	0.00	0.13	0.00	0.00	0.14
研究区	0.01	0.06	6.09	0.01	0.03	6.20

表 5-24   一般干旱年研究区梯级缺水量   （单位：亿 m³）

梯级	船闸	工业	农业	生活	生态	合计
第一	0.00	0.00	0.00	0.00	0.00	0.00
第二	0.00	0.00	0.00	0.00	0.00	0.00
第三	0.01	0.03	0.99	0.01	0.00	1.04
第四	0.00	0.00	0.00	0.00	0.00	0.00
第五	0.00	0.00	0.00	0.00	0.00	0.00
第六	0.00	0.00	0.05	0.00	0.00	0.05
第七	0.00	0.03	0.04	0.00	0.00	0.07
第八	0.00	0.00	0.31	0.00	0.00	0.31
第九	0.00	0.00	4.70	0.00	0.03	4.73
研究区	0.01	0.06	6.09	0.01	0.03	6.20

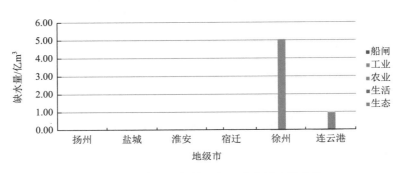

图 5-50   一般干旱年地级市五类水用户缺水量

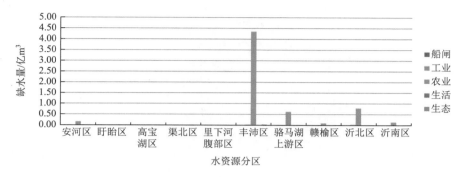

图 5-51　一般干旱年水资源分区五类水用户缺水量

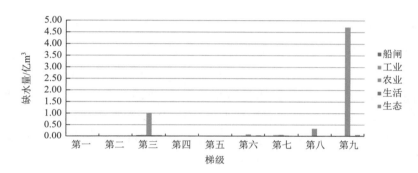

图 5-52　一般干旱年梯级五类水用户缺水量

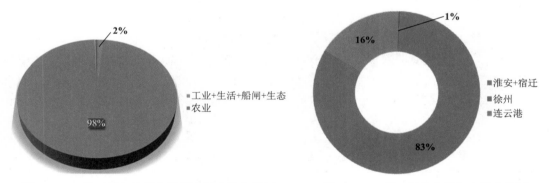

图 5-53　一般干旱年地级市五类水用户缺水比例　　　图 5-54　一般干旱年各地级市缺水比例

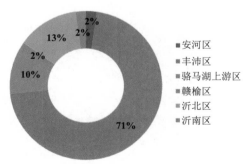

图 5-55　一般干旱年水资源分区缺水比例

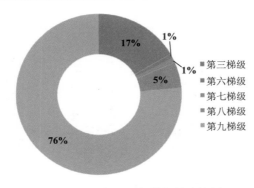

图 5-56　一般干旱年梯级缺水比例

3. 平水年

平水年不同统计口径研究区缺水量如表 5-25～表 5-27、图 5-57～图 5-63 所示。研究区缺水总量为 4.37 亿 m³，其中农业缺水量为 4.30 亿 m³，工业缺水量为 0.03 亿 m³，生活缺水量为 0.02 亿 m³，生态缺水量为 0.02 亿 m³，船闸不缺水。五类用水户从地级市、水资源分区、梯级的主要缺水量都为农业缺水量，占比均超过 98%。

平水年中徐州缺水量最大，为 3.29 亿 m³，约占研究区缺水总量的 75%；连云港缺水量次之，为 1.02 亿 m³，占研究区缺水总量的 23%；宿迁约占 2%，扬州、盐城、淮安不缺水。

平水年中丰沛区缺水量最大，为 2.92 亿 m³，占研究区缺水总量的 67%；其次是沂北区，为 0.91 亿 m³，占研究区缺水总量的 21%；盱眙区、高宝湖区、渠北区、里下河腹部区、沂南区不产生缺水；其他水资源分区所占比例共计为 12%。

平水年研究区第三梯级、第六梯级、第八梯级、第九梯级占研究区缺水总量的比例较大，其中第九梯级缺水量最大，为 3.16 亿 m³，占研究区缺水总量的 73%；第三梯级其次，为 1.02 亿 m³，占研究区缺水总量的 23%；第一、二、四、五梯级没有缺水量。

表 5-25　平水年研究区地级市缺水量　　　　　　　（单位：亿 m³）

地级市	船闸	工业	农业	生活	生态	合计
扬州	0.00	0.00	0.00	0.00	0.00	0.00
盐城	0.00	0.00	0.00	0.00	0.00	0.00
淮安	0.00	0.00	0.00	0.00	0.00	0.00
宿迁	0.00	0.00	0.06	0.00	0.00	0.06
徐州	0.00	0.00	3.27	0.00	0.02	3.29
连云港	0.00	0.03	0.97	0.02	0.00	1.02
研究区	0.00	0.03	4.30	0.02	0.02	4.37

表 5-26　平水年研究区水资源分区缺水量　　（单位：亿 m³）

水资源分区	船闸	工业	农业	生活	生态	合计
安河区	0.00	0.00	0.14	0.00	0.00	0.14
盱眙区	0.00	0.00	0.00	0.00	0.00	0.00
高宝湖区	0.00	0.00	0.00	0.00	0.00	0.00
渠北区	0.00	0.00	0.00	0.00	0.00	0.00
里下河腹部区	0.00	0.00	0.00	0.00	0.00	0.00
丰沛区	0.00	0.00	2.90	0.00	0.02	2.92
骆马湖上游区	0.00	0.00	0.29	0.00	0.00	0.29
赣榆区	0.00	0.00	0.11	0.00	0.00	0.11
沂北区	0.00	0.03	0.86	0.02	0.00	0.91
沂南区	0.00	0.00	0.00	0.00	0.00	0.00
研究区	0.00	0.03	4.30	0.02	0.02	4.37

表 5-27　平水年研究区梯级缺水量　　（单位：亿 m³）

梯级	船闸	工业	农业	生活	生态	合计
第一	0.00	0.00	0.00	0.00	0.00	0.00
第二	0.00	0.00	0.00	0.00	0.00	0.00
第三	0.00	0.03	0.97	0.02	0.00	1.02
第四	0.00	0.00	0.00	0.00	0.00	0.00
第五	0.00	0.00	0.00	0.00	0.00	0.00
第六	0.00	0.00	0.10	0.00	0.00	0.10
第七	0.00	0.00	0.01	0.00	0.00	0.01
第八	0.00	0.00	0.08	0.00	0.00	0.08
第九	0.00	0.00	3.14	0.00	0.02	3.16
研究区	0.00	0.03	4.30	0.02	0.02	4.37

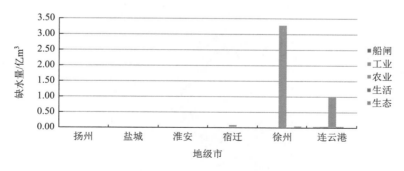

图 5-57　平水年地级市五类水用户缺水量

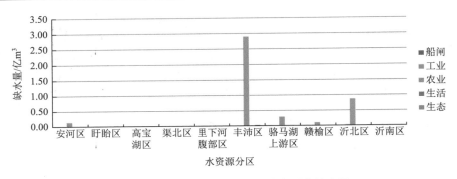

图 5-58 平水年水资源分区五类水用户缺水量

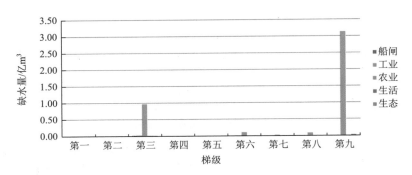

图 5-59 平水年梯级五类水用户缺水量

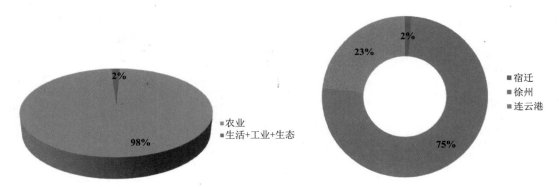

图 5-60 平水年地级市五类水用户缺水比例　　　　图 5-61 平水年地级市缺水比例

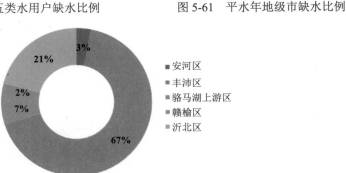

图 5-62 平水年水资源分区缺水比例

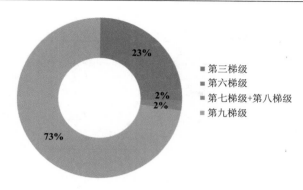

图 5-63　平水年梯级缺水比例

5.2　优化调度模型下水资源供需平衡计算结果分析

5.2.1　供水

1. 特别干旱年

特别干旱年不同统计口径研究区供水量如表 5-28~表 5-30、图 5-64~图 5-70 所示。研究区供水总量为 179.64 亿 m³，其中农业供水量为 114.83 亿 m³，工业供水量为 32.69 亿 m³，生活供水量为 18.27 亿 m³，生态供水量为 6.07 亿 m³，船闸供水量为 7.78 亿 m³。五类用水户的供水量主要为农业供水量，占供水量的 64%；其他四类用水户所占比例为 4%~18%。

特别干旱年淮安、徐州两个地级市供水占研究区供水总量比例较大，其中徐州供水量最大，为 52.51 亿 m³，占研究区供水总量的 29%；淮安供水量其次，为 44.02 亿 m³，占研究区供水总量的 25%；宿迁占研究区供水总量的 21%；扬州所占比例为 9%；连云港所占比例为 15%；盐城供水量最小，为 2.13 亿 m³，占研究区供水总量的 1%。

特别干旱年水资源分区中沂南区供水量最大，为 34.88 亿 m³，占研究区供水总量的 20%；安河区供水量其次，为 29.01 亿 m³，占研究区供水总量的 16%；盱眙区供水量最小，为 2.04 亿 m³，占研究区供水总量的 1%。

特别干旱年梯级之中第三梯级供水量最大，为 52.56 亿 m³，占研究区供水总量的 39%；第六梯级次之，为 16.84 亿 m³，占研究区供水总量的 13%；第七梯级最小，为 1.57 亿 m³，占研究区供水总量的 1%。

表 5-28　特别干旱年研究区地级市供水量　　　　（单位：亿 m³）

地级市	船闸	工业	农业	生活	生态	合计
扬州	6.36	1.92	4.68	1.37	2.36	16.69
盐城	0.00	0.00	2.02	0.11	0.00	2.13
淮安	0.07	7.41	32.09	3.83	0.62	44.02

续表

地级市	船闸	工业	农业	生活	生态	合计
宿迁	0.02	2.90	29.21	3.22	1.72	37.07
徐州	0.32	11.90	32.67	6.52	1.10	52.51
连云港	1.01	8.56	14.16	3.22	0.27	27.22
研究区	7.78	32.69	114.83	18.27	6.07	179.64

表 5-29　特别干旱年研究区水资源分区供水量　（单位：亿 m³）

水资源分区	船闸	工业	农业	生活	生态	合计
安河区	0.21	3.48	22.55	2.49	0.28	29.01
盱眙区	0.00	0.41	1.24	0.33	0.07	2.04
高宝湖区	0.07	1.97	10.88	0.64	0.12	13.68
渠北区	0.00	1.26	5.78	0.00	0.00	7.04
里下河腹部区	6.35	3.64	7.74	1.81	2.41	21.95
丰沛区	0.00	1.05	10.37	1.73	0.05	13.20
骆马湖上游区	0.07	8.54	14.19	2.77	0.28	25.86
赣榆区	0.02	1.80	1.56	0.55	0.05	3.98
沂北区	0.24	5.58	16.60	4.38	1.20	28.00
沂南区	0.82	4.96	23.92	3.57	1.61	34.88
研究区	7.78	32.69	114.83	18.27	6.07	179.64

表 5-30　特别干旱年研究区梯级供水量　（单位：亿 m³）

梯级	船闸	工业	农业	生活	生态	合计
第一	6.36	0.05	6.87	0.80	2.21	16.29
第二	0.00	1.27	9.06	0.35	0.00	10.68
第三	1.10	4.73	42.29	4.42	0.02	52.56
第四	0.21	0.02	9.49	0.25	0.01	9.98
第五	0.07	0.01	8.27	0.22	1.58	10.15
第六	0.00	0.19	15.25	1.40	0.00	16.84
第七	0.00	0.30	1.10	0.17	0.00	1.57
第八	0.04	0.12	2.71	0.00	0.00	2.87
第九	0.00	0.85	10.05	1.46	0.49	12.85
研究区	7.78	7.54	105.09	9.07	4.31	133.79

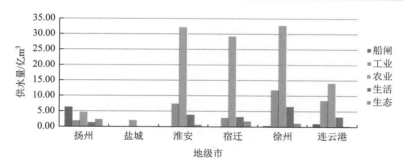

图 5-64　特别干旱年地级市五类水用户供水量

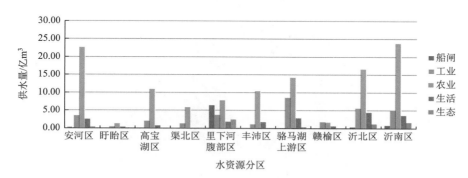

图 5-65　特别干旱年水资源分区五类水用户供水量

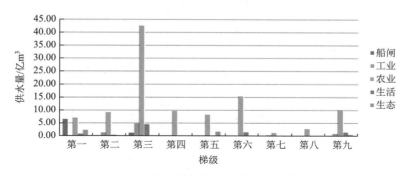

图 5-66　特别干旱年梯级五类水用户供水量

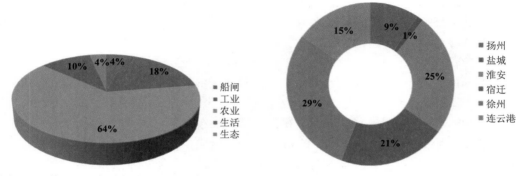

图 5-67　特别干旱年地级市五类水用户供水比例　　图 5-68　特别干旱年地级市供水比例

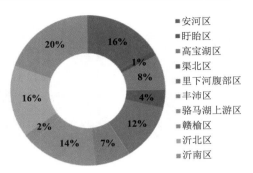

图 5-69 特别干旱年水资源分区供水比例

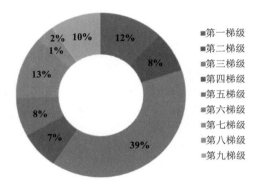

图 5-70 特别干旱年梯级供水比例

2. 一般干旱年

一般干旱年不同统计口径研究区供水量如表 5-31～表 5-33、图 5-71～图 5-77 所示。研究区供水总量为 157.97 亿 m³，其中农业供水量为 92.41 亿 m³，工业供水量为 33.00 亿 m³，生活供水量为 18.59 亿 m³，生态供水量为 6.16 亿 m³，船闸供水量为 7.81 亿 m³。五类用水户的供水量主要为农业供水量，占供水总量的 58%；其他四类用水户所占比例为 4%～21%。

一般干旱年淮安、徐州两个地级市供水占研究区供水总量比例较大，其中徐州供水量最大，为 48.46 亿 m³，占研究区供水总量的 31%；淮安供水量其次，为 36.97 亿 m³，占研究区供水总量的 24%；宿迁供水量为 30.38 亿 m³，占研究区供水总量的 19%；连云港所占比例为 15%；扬州所占比例为 10%；盐城供水量最小，为 1.79 亿 m³，占研究区供水总量的 1%。

一般干旱年沂南区供水量最大，为 27.94 亿 m³，占研究区供水总量的 18%；安河区供水量 25.50 亿 m³，占研究区供水量的 16%；沂北区供水量 24.29 亿 m³，占研究区供水量的 15%；盱眙区供水量最小，为 1.64 亿 m³，占研究区供水总量的 1%。

一般干旱年研究区第一梯级、第三梯级、第六梯级占研究区供水总量的比例较大，其中第三梯级供水量最大，为 42.28 亿 m³，占研究区供水总量的 37%；第一梯级次之，为 15.32 亿 m³，占研究区供水总量的 14%；第七梯级最小，为 2.28 亿 m³，占研究区供水总量的 2%。

表 5-31　一般干旱年研究区地级市供水量　（单位：亿 m³）

地级市	船闸	工业	农业	生活	生态	合计
扬州	6.38	1.92	4.09	1.38	2.37	16.14
盐城	0.00	0.00	1.68	0.11	0.00	1.79
淮安	0.07	7.42	24.98	3.89	0.61	36.97
宿迁	0.02	2.90	22.51	3.22	1.73	30.38
徐州	0.32	12.20	28.08	6.68	1.18	48.46
连云港	1.02	8.56	11.07	3.31	0.27	24.23
研究区	7.81	33.00	92.41	18.59	6.16	157.97

表 5-32　一般干旱年研究区水资源分区供水量　（单位：亿 m³）

水资源分区	船闸	工业	农业	生活	生态	合计
安河区	0.21	3.48	19.06	2.47	0.28	25.50
盱眙区	0.00	0.42	0.82	0.33	0.07	1.64
高宝湖区	0.07	1.97	8.31	0.70	0.13	11.18
渠北区	0.00	1.26	4.58	0.00	0.00	5.84
里下河腹部区	6.38	3.64	7.08	1.81	2.41	21.32
丰沛区	0.00	1.30	9.04	1.73	0.06	12.13
骆马湖上游区	0.07	8.58	12.55	2.95	0.30	24.45
赣榆区	0.02	1.80	1.26	0.55	0.05	3.68
沂北区	0.24	5.58	12.77	4.47	1.23	24.29
沂南区	0.82	4.97	16.94	3.58	1.63	27.94
研究区	7.81	33.00	92.41	18.59	6.16	157.97

表 5-33　一般干旱年研究区梯级供水量　（单位：亿 m³）

梯级	船闸	工业	农业	生活	生态	合计
第一	6.38	0.05	5.88	0.80	2.21	15.32
第二	0.00	1.28	7.23	0.35	0.00	8.86
第三	1.11	4.78	31.76	4.59	0.04	42.28
第四	0.21	0.02	7.63	0.25	0.01	8.12
第五	0.07	0.01	6.30	0.22	1.62	8.22
第六	0.00	0.19	12.34	1.41	0.01	13.95
第七	0.00	0.74	1.20	0.34	0.00	2.28
第八	0.04	0.13	3.21	0.00	0.00	3.38
第九	0.00	0.85	10.42	1.46	0.51	13.24
研究区	7.81	8.05	85.97	9.42	4.40	115.65

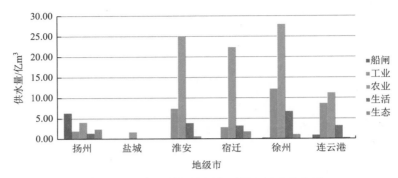

图 5-71　一般干旱年地级市五类水用户供水量

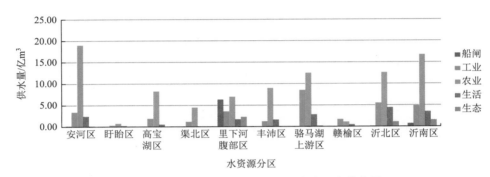

图 5-72　一般干旱年水资源分区五类水用户供水量

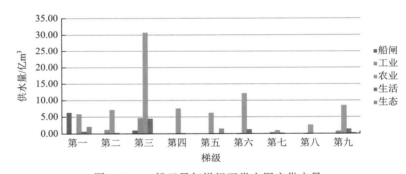

图 5-73　一般干旱年梯级五类水用户供水量

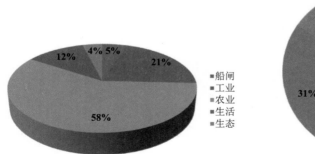

图 5-74　一般干旱年地级市五类水用户供水比例

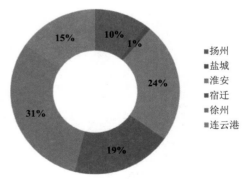

图 5-75　一般干旱年地级市供水比例

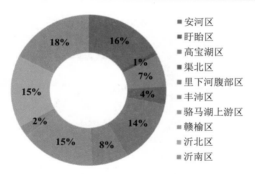

图 5-76　一般干旱年水资源分区供水比例

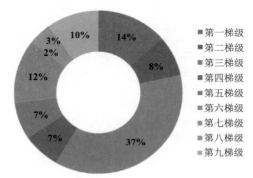

图 5-77　一般干旱年梯级供水量示意图

3. 平水年

平水年不同统计口径研究区供水量如表 5-34～表 5-36、图 5-78～图 5-84 所示。研究区供水总量为 155.78 亿 m³，其中农业供水量为 90.18 亿 m³，工业供水量为 33.08 亿 m³，生活供水量为 18.58 亿 m³，生态供水量为 6.15 亿 m³，船闸供水量为 7.79 亿 m³。五类用水户的供水量主要为农业供水量，占供水总量的 58%；其他四类用水户所占比例为 4%～21%。

平水年淮安、徐州两个地级市供水占研究区供水总量比例较大，其中徐州供水量最大，为 48.71 亿 m³，占研究区供水总量的 31%；淮安供水量次之，为 35.38 亿 m³，占研究区供水总量的 23%；宿迁供水量为 29.59 亿 m³，占研究区供水总量的 19%；扬州所占比例为 10%；连云港所占比例为 16%；盐城供水量最小，为 1.73 亿 m³，占研究区供水总量的 1%。

平水年沂南区供水量最大，为 28.78 亿 m³，占研究区供水总量的 19%；骆马湖上游区供水量 24.71 亿 m³，占研究区供水总量的 15%；安河区供水量 23.50 亿 m³，占研究区供水总量的 16%；盱眙区供水量最小，为 2.67 亿 m³，占研究区供水总量的 2%。

平水年研究区中第三梯级供水量最大，为 40.82 亿 m³，占研究区供水总量的 37%；第一梯级次之，为 14.69 亿 m³，占研究区供水总量的 13%；第七梯级最小，为 2.19 亿 m³，占研究区供水总量的 2%。

表 5-34   平水年研究区地级市供水量 (单位：亿 m³)

地级市	船闸	工业	农业	生活	生态	合计
扬州	6.36	1.92	3.79	1.38	2.36	15.81
盐城	0.00	0.00	1.62	0.11	0.00	1.73
淮安	0.07	7.41	23.41	3.88	0.61	35.38
宿迁	0.02	2.90	21.73	3.22	1.72	29.59
徐州	0.32	12.29	28.22	6.69	1.19	48.71
连云港	1.02	8.56	11.41	3.30	0.27	24.56
研究区	7.79	33.08	90.18	18.58	6.15	155.78

表 5-35   平水年研究区水资源分区供水量 (单位：亿 m³)

水资源分区	船闸	工业	农业	生活	生态	合计
安河区	0.21	3.48	17.04	2.49	0.28	23.50
盱眙区	0.00	0.42	1.85	0.33	0.07	2.67
高宝湖区	0.07	1.97	6.59	0.69	0.12	9.44
渠北区	0.00	1.26	4.11	0.00	0.00	5.37
里下河腹部区	6.36	3.64	6.58	1.81	2.41	20.80
丰沛区	0.00	1.39	9.49	1.73	0.06	12.67
骆马湖上游区	0.07	8.58	12.80	2.95	0.31	24.71
赣榆区	0.02	1.80	1.14	0.55	0.05	3.56
沂北区	0.24	5.58	12.77	4.46	1.23	24.28
沂南区	0.82	4.96	17.81	3.57	1.62	28.78
研究区	7.79	33.08	90.18	18.58	6.15	155.78

表 5-36   平水年研究区梯级供水量 (单位：亿 m³)

梯级	船闸	工业	农业	生活	生态	合计
第一	6.36	0.05	5.27	0.80	2.21	14.69
第二	0.00	1.27	6.27	0.35	0.00	7.89
第三	1.11	4.74	30.37	4.56	0.04	40.82
第四	0.21	0.02	7.06	0.25	0.01	7.55
第五	0.07	0.01	6.28	0.22	1.62	8.20
第六	0.00	0.19	11.81	1.40	0.01	13.41
第七	0.00	0.68	1.18	0.33	0.00	2.19
第八	0.04	0.13	3.01	0.00	0.00	3.18
第九	0.00	0.85	9.19	1.46	0.51	12.01
研究区	7.79	7.94	80.44	9.37	4.40	109.94

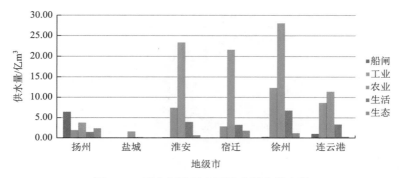

图 5-78　平水年地级市五类水用户供水量

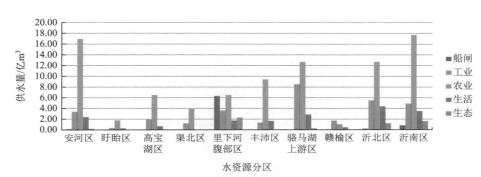

图 5-79　平水年水资源分区五类水用户供水量

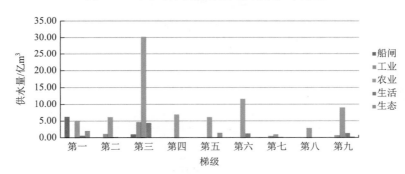

图 5-80　平水年梯级五类水用户供水量

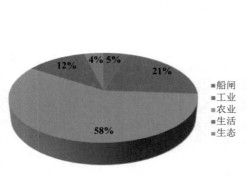

图 5-81　平水年地级市五类水用户供水比例

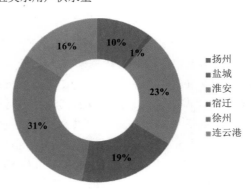

图 5-82　平水年地级市供水比例

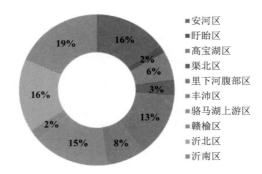

图 5-83　平水年水资源分区供水比例

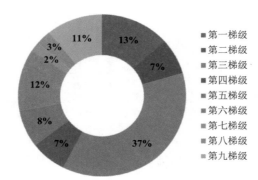

图 5-84　平水年梯级供水比例

5.2.2　缺水

1. 特别干旱年

特别干旱年不同统计口径研究区缺水量如表 5-37～表 5-39、图 5-85～图 5-91 所示。研究区总缺水量为 7.48 亿 m³，其中农业缺水量为 6.59 亿 m³，工业缺水量为 0.47 亿 m³，生活缺水量为 0.32 亿 m³，生态缺水量为 0.09 亿 m³，船闸缺水量为 0.01 亿 m³，所占比例计为 0。五类用水户的缺水量主要为农业缺水量，占缺水总量的 88%。

特别干旱年地级市中徐州缺水量最大，为 4.25 亿 m³，占研究区缺水总量的 57%；连云港缺水量次之，为 2.70 亿 m³，占研究区缺水总量的 36%；淮安占研究区缺水总量的 4%；宿迁占研究区缺水总量的 3%；扬州和盐城不缺水。

特别干旱年水资源分区中沂北区缺水量最大，为 2.49 亿 m³，占研究区缺水总量的 33%；丰沛区缺水量次之，为 2.25 亿 m³，占研究区缺水总量的 30%；盱眙区缺水量为 0.04 亿 m³，所占比例计为 1%；渠北区和里下河腹部区不缺水。

特别干旱年梯级之中第三梯级缺水量最大，为 3.12 亿 m³，占研究区缺水总量的 42%；第九梯级次之，为 1.97 亿 m³，占研究区缺水总量的 26%；第一、第二梯级不缺水。

表 5-37　特别干旱年研究区地级市缺水量　　（单位：亿 m³）

地级市	船闸	工业	农业	生活	生态	合计
扬州	0.00	0.00	0.00	0.00	0.00	0.00
盐城	0.00	0.00	0.00	0.00	0.00	0.00
淮安	0.00	0.01	0.20	0.06	0.00	0.27
宿迁	0.00	0.00	0.26	0.00	0.00	0.26
徐州	0.00	0.43	3.57	0.16	0.09	4.25
连云港	0.01	0.03	2.56	0.10	0.00	2.70
研究区	0.01	0.47	6.59	0.32	0.09	7.48

表 5-38　特别干旱年研究区水资源分区缺水量　　（单位：亿 m³）

水资源分区	船闸	工业	农业	生活	生态	合计
安河区	0.00	0.00	0.47	0.00	0.00	0.47
盱眙区	0.00	0.01	0.03	0.00	0.00	0.04
高宝湖区	0.00	0.00	0.07	0.05	0.00	0.12
渠北区	0.00	0.00	0.00	0.00	0.00	0.00
里下河腹部区	0.00	0.00	0.00	0.00	0.00	0.00
丰沛区	0.00	0.39	1.84	0.00	0.02	2.25
骆马湖上游区	0.00	0.04	1.51	0.17	0.03	1.75
赣榆区	0.00	0.00	0.17	0.00	0.00	0.17
沂北区	0.00	0.03	2.32	0.10	0.04	2.49
沂南区	0.01	0.00	0.18	0.00	0.00	0.19
研究区	0.01	0.47	6.59	0.32	0.09	7.48

表 5-39　特别干旱年研究区梯级缺水量　　（单位：亿 m³）

梯级	船闸	工业	农业	生活	生态	合计
第一	0.00	0.00	0.00	0.00	0.00	0.00
第二	0.00	0.00	0.00	0.00	0.00	0.00
第三	0.01	0.04	2.90	0.16	0.03	3.12
第四	0.00	0.00	0.08	0.00	0.00	0.08
第五	0.00	0.00	0.01	0.00	0.04	0.04
第六	0.00	0.00	0.19	0.00	0.00	0.19
第七	0.00	0.42	0.35	0.16	0.00	0.95
第八	0.00	0.01	1.12	0.00	0.00	1.12
第九	0.00	0.00	1.94	0.00	0.02	1.97
研究区	0.01	0.47	6.59	0.32	0.09	7.48

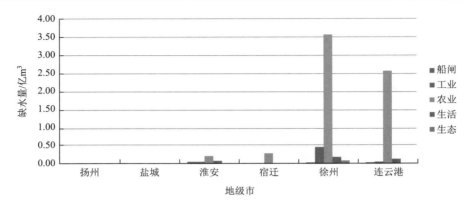

图 5-85 特别干旱年地级市五类水用户缺水量

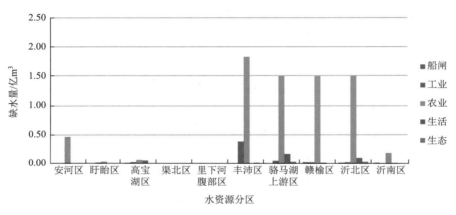

图 5-86 特别干旱年水资源分区五类水用户缺水量

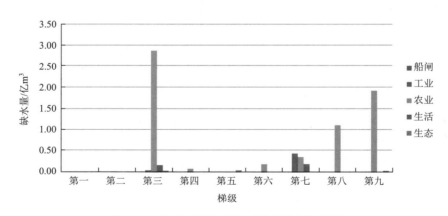

图 5-87 特别干旱年梯级五类水用户缺水量

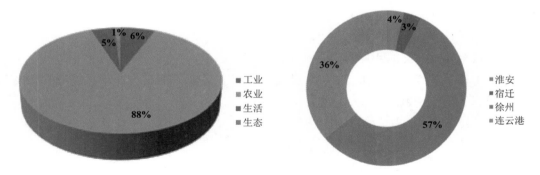

图 5-88　特别干旱年地级市五类水用户缺水比例　　　　图 5-89　特别干旱年地级市缺水比例

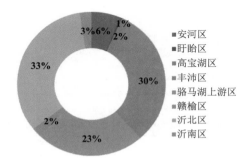

图 5-90　特别干旱年水资源分区缺水比例

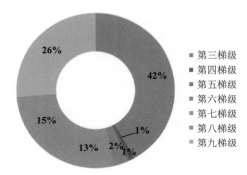

图 5-91　特别干旱年梯级缺水比例

2. 一般干旱年

一般干旱年不同统计口径研究区缺水量如表 5-40～表 5-42、图 5-92～图 5-98 所示。研究区缺水总量为 3.52 亿 m^3，其中农业缺水量为 3.30 亿 m^3，工业缺水量为 0.17 亿 m^3，生活缺水量为 0.02 亿 m^3，生态缺水量为 0.02 亿 m^3，船闸缺水量为 0.01 亿 m^3。五类用水户的缺水量主要为农业缺水量，占缺水总量的 94%。

一般干旱年地级市中徐州缺水量最大，为 2.48 亿 m^3，占研究区缺水总量的 71%；连云港缺水量其次，为 1.02 亿 m^3，占研究区缺水总量的 29%；淮安缺水量为 0.02 亿 m^3，所占比例计为 0；宿迁、扬州和盐城不缺水。

一般干旱年水资源分区中丰沛区缺水量最大，为 1.85 亿 m³，占研究区缺水总量的 52%；沂北区缺水量其次，为 0.81 亿 m³，占研究区缺水总量的 23%；盱眙区、高宝湖区、渠北区和里下河腹部区不缺水。

一般干旱年梯级中第九梯级缺水量最大，为 1.78 亿 m³，占研究区缺水总量的 51%；第一、第二、第四、第五梯级不缺水。

表 5-40　一般干旱年研究区地级市缺水量　（单位：亿 m³）

地级市	船闸	工业	农业	生活	生态	合计
扬州	0.00	0.00	0.00	0.00	0.00	0.00
盐城	0.00	0.00	0.00	0.00	0.00	0.00
淮安	0.00	0.00	0.02	0.00	0.00	0.02
宿迁	0.00	0.00	0.00	0.00	0.00	0.00
徐州	0.00	0.14	2.31	0.01	0.02	2.48
连云港	0.01	0.03	0.97	0.01	0.00	1.02
研究区总量	0.01	0.17	3.30	0.02	0.02	3.52

表 5-41　一般干旱年研究区水资源分区缺水量　（单位：亿 m³）

水资源分区	船闸	工业	农业	生活	生态	合计
安河区	0.00	0.00	0.09	0.00	0.00	0.09
盱眙区	0.00	0.00	0.00	0.00	0.00	0.00
高宝湖区	0.00	0.00	0.00	0.00	0.00	0.00
渠北区	0.00	0.00	0.00	0.00	0.00	0.00
里下河腹部区	0.00	0.00	0.00	0.00	0.00	0.00
丰沛区	0.01	0.14	1.69	0.00	0.01	1.85
骆马湖上游区	0.00	0.00	0.54	0.01	0.01	0.56
赣榆区	0.00	0.00	0.08	0.00	0.00	0.08
沂北区	0.00	0.03	0.77	0.01	0.00	0.81
沂南区	0.00	0.00	0.13	0.00	0.00	0.13
全区域总量	0.01	0.17	3.30	0.02	0.01	3.52

表 5-42　一般干旱年研究区梯级缺水量　（单位：亿 m³）

梯级	船闸	工业	农业	生活	生态	合计
第一	0.00	0.00	0.00	0.00	0.00	0.00
第二	0.00	0.00	0.00	0.00	0.00	0.00
第三	0.01	0.03	0.99	0.01	0.01	1.05
第四	0.00	0.00	0.00	0.00	0.00	0.00
第五	0.00	0.00	0.00	0.00	0.00	0.00
第六	0.00	0.00	0.02	0.00	0.00	0.02
第七	0.00	0.14	0.08	0.01	0.00	0.23
第八	0.00	0.00	0.44	0.00	0.00	0.44

续表

梯级	船闸	工业	农业	生活	生态	合计
第九	0.00	0.00	1.77	0.00	0.01	1.78
全区域总量	0.01	0.17	3.30	0.02	0.02	3.52

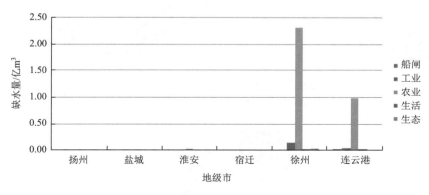

图 5-92　一般干旱年地级市五类水用户缺水量

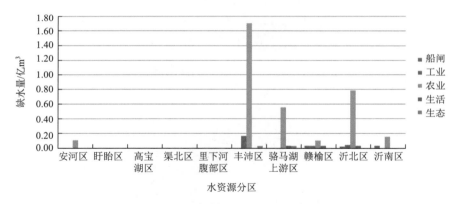

图 5-93　一般干旱年水资源分区五类水用户缺水量

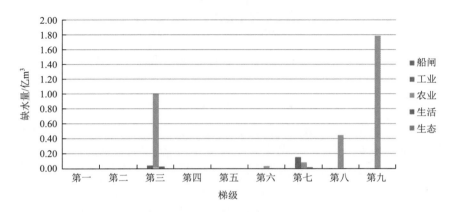

图 5-94　一般干旱年梯级五类水用户缺水量

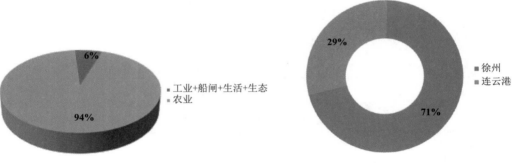

图 5-95　一般干旱年地级市五类水用户缺水比例　　　　图 5-96　一般干旱年地级市缺水比例

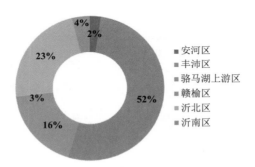

图 5-97　一般干旱年水资源分区缺水比例

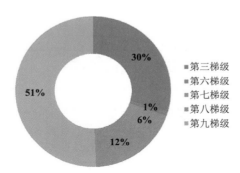

图 5-98　一般干旱年梯级缺水比例

3. 平水年

平水年不同统计口径研究区缺水量如表 5-43～表 5-45，图 5-99～图 5-105 所示。研究区缺水总量为 1.40 亿 m^3，其中农业为 1.29 亿 m^3，工业为 0.09 亿 m^3，生活缺水量为 0.02 亿 m^3，生态和船闸不缺水。五类用水户的缺水量主要为农业缺水量，占缺水量的 92%。平水年地级市中连云港缺水量最大，为 0.99 亿 m^3，占研究区缺水总量的 71%；徐州缺水量次之，为 0.34 亿 m^3，占研究区缺水总量的 24%；宿迁占研究区缺水总量的 5%；淮安、扬州和盐城不缺水。

　　平水年水资源分区中沂北区缺水量最大，为 0.89 亿 m³，占研究区缺水总量的 64%；丰沛区和安河区缺水量次之，分别为 0.20 亿 m³ 和 0.14 亿 m³，分别占研究区缺水总量的 14% 和 10%；赣榆区缺水量为 0.1 亿 m³，占研究区缺水总量的 7%；骆马湖上游区缺水量为 0.07 亿 m³，占研究区缺水总量的 5%；沂南区、盱眙区、高宝湖区、渠北区和里下河腹部区不缺水。

　　平水年梯级之中第三梯级缺水量最大，为 0.99 亿 m³，占研究区缺水总量的 71%；第一、第二、第四、第五梯级不缺水，其余梯级存在少量缺水情况。

表 5-43　平水年研究区地级市缺水量　　（单位：亿 m³）

地级市	船闸	工业	农业	生活	生态	合计
扬州	0.00	0.00	0.00	0.00	0.00	0.00
盐城	0.00	0.00	0.00	0.00	0.00	0.00
淮安	0.00	0.00	0.00	0.00	0.00	0.00
宿迁	0.00	0.00	0.07	0.00	0.00	0.07
徐州	0.00	0.06	0.28	0.00	0.00	0.34
连云港	0.00	0.03	0.94	0.02	0.00	0.99
研究区总量	0.00	0.09	1.29	0.02	0.00	1.40

表 5-44　平水年研究区水资源分区缺水量　　（单位：亿 m³）

水资源分区	船闸	工业	农业	生活	生态	合计
安河区	0.00	0.00	0.14	0.00	0.00	0.14
盱眙区	0.00	0.00	0.00	0.00	0.00	0.00
高宝湖区	0.00	0.00	0.00	0.00	0.00	0.00
渠北区	0.00	0.00	0.00	0.00	0.00	0.00
里下河腹部区	0.00	0.00	0.00	0.00	0.00	0.00
丰沛区	0.00	0.06	0.14	0.00	0.00	0.20
骆马湖上游区	0.00	0.00	0.07	0.00	0.00	0.07
赣榆区	0.00	0.00	0.10	0.00	0.00	0.10
沂北区	0.00	0.03	0.84	0.02	0.00	0.89
沂南区	0.00	0.00	0.00	0.00	0.00	0.00
全区域总量	0.00	0.09	1.29	0.02	0.00	1.40

表 5-45　平水年研究区梯级缺水量　　（单位：亿 m³）

梯级	船闸	工业	农业	生活	生态	合计
第一	0.00	0.00	0.00	0.00	0.00	0.00
第二	0.00	0.00	0.00	0.00	0.00	0.00
第三	0.00	0.03	0.94	0.02	0.00	0.99
第四	0.00	0.00	0.00	0.00	0.00	0.00
第五	0.00	0.00	0.00	0.00	0.00	0.00

续表

梯级	船闸	工业	农业	生活	生态	合计
第六	0.00	0.00	0.07	0.00	0.00	0.07
第七	0.00	0.06	0.01	0.00	0.00	0.07
第八	0.00	0.00	0.13	0.00	0.00	0.13
第九	0.00	0.00	0.14	0.00	0.00	0.14
全区域总量	0.00	0.09	1.29	0.02	0.00	1.40

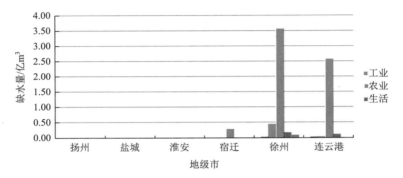

图 5-99　平水年地级市五类水用户缺水量

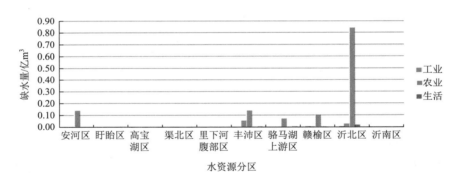

图 5-100　平水年水资源分区五类水用户缺水量

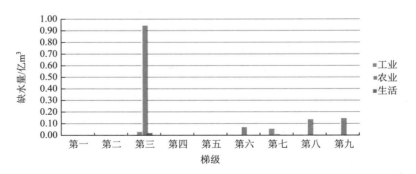

图 5-101　平水年梯级五类水用户缺水量

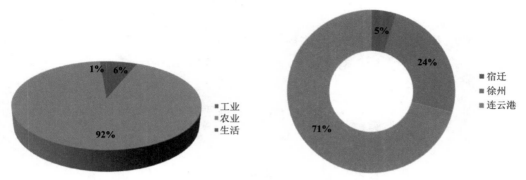

图 5-102　平水年地级市五类水用户缺水比例　　　　图 5-103　平水年地级市缺水比例

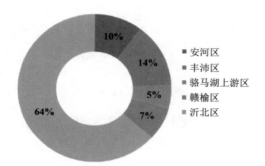

图 5-104　平水年水资源分区缺水比例

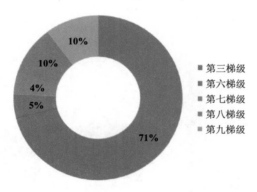

图 5-105　平水年梯级缺水比例

5.3　水资源调配方案对比

5.3.1　总体分析

本研究提出的优化调度模型在需水、供水以及工程运行条件均不发生变化的前提下，相比经验调度模型（原调度模型），大大增加了调水系统的供水能力。优化调度模型与经验调度模型相比（表 5-46），优点主要体现在以下三方面。

（1）不同典型年下经验调度模型与优化调度模型所计算的用水户缺水量如图 5-106 所示，利用优化调度模型计算的研究区内用户缺水量明显小于经验调度模型计算结果，即利用优化调度模型能够显著减少系统的缺水量，极大地改善水资源系统的供需平衡状况。

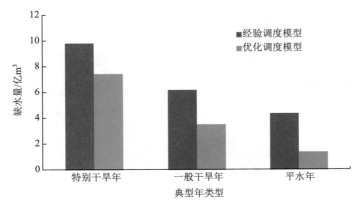

图 5-106　不同典型年下经验调度模型与优化调度模型用水户缺水量柱状图

（2）不同典型年下经验调度模型与优化调度模型所计算的引长江水量如图 5-107 所示，利用优化调度模型计算的研究区所需引长江水量与经验调度模型计算结果基本一致，而缺水量明显小于经验调度模型计算结果，即优化调度模型主要依靠调整淮河水和本地水资源的时空分布来缓解研究区的水资源供需矛盾，对于成本较高的引长江水依赖较小，极大程度地提高了水资源的利用效率。

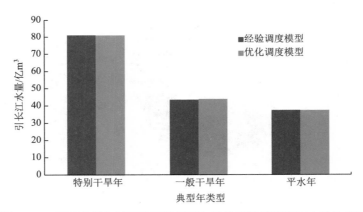

图 5-107　不同典型年下经验调度模型与优化调度模型引江水量柱状图

表 5-46　不同典型年下经验调度模型与优化调度模型供需平衡情况　　（单位：亿 m³）

模型	供需情况	特别干旱年	一般干旱年	平水年
	需水	187.12	161.49	157.17
经验调度模型	供水	177.33	155.30	152.80
	缺水	9.79	6.19	4.37
优化调度模型	供水	179.64	157.98	155.78
	缺水	7.48	3.51	1.39

（3）不同典型年下优化模型计算补湖量结果如表 5-47 所示，对于特别干旱年、一般干旱年、平水年，通过泵站调入洪泽湖的水量逐渐减少，而调入骆马湖的水量逐渐增加，即来水年型越丰，洪泽湖作为调蓄库容对于可利用水资源的调节越弱，而骆马湖则越强。不同典型年下优化调度模型逐月补湖量情况如图 5-108～图 5-110 所示，对于特别干旱年，全年基本都有水资源补给洪泽湖，洪泽湖调蓄作用明显，而一般干旱年和平水年，基本只有用水低谷期才有水资源补给洪泽湖，主要目的是抬高洪泽湖水位以满足用水高峰期的供水要求；对于骆马湖，不同典型年，全年基本都有水资源补给，其作为江苏省内贯通南北的储水枢纽，调蓄作用明显，对于保障徐州等地供水有着显著的作用。

表 5-47 不同典型年下优化模型补湖量统计　（单位：亿 m³）

月份	特别干旱年		一般干旱年		平水年	
	补洪泽湖	补骆马湖	补洪泽湖	补骆马湖	补洪泽湖	补骆马湖
1	2.45	1.29	0.00	1.19	0.00	1.23
2	2.01	0.96	0.11	1.01	0.09	1.04
3	0.22	1.10	0.18	1.12	0.19	1.16
4	0.16	1.03	1.51	1.08	0.19	1.11
5	0.13	1.09	2.43	1.17	0.15	1.17
6	1.24	1.39	0.00	1.27	0.00	1.68
7	2.77	1.16	0.00	1.65	0.00	1.67
8	2.67	0.98	0.00	2.06	0.00	1.52
9	1.53	1.97	0.55	2.32	0.16	2.60
10	1.62	0.69	1.44	0.92	0.00	1.05
11	3.69	0.83	0.00	0.90	0.00	0.95
12	4.01	1.33	0.00	0.95	0.00	0.98
总量	22.50	13.82	6.22	15.64	0.78	16.16

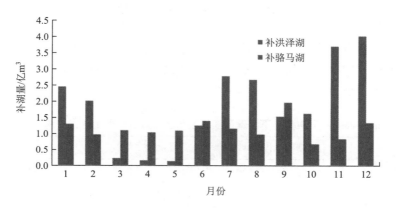

图 5-108 特别干旱年下优化调度模型逐月补湖量柱状图

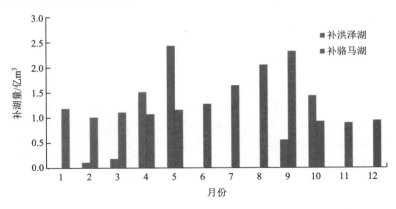

图 5-109　一般干旱年下优化调度模型逐月补湖量柱状图

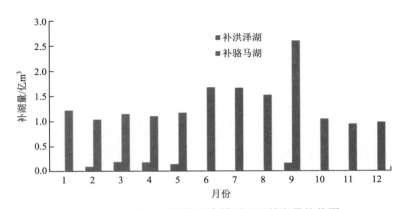

图 5-110　平水年下优化调度模型逐月补湖量柱状图

5.3.2　不同用户类型分析

1. 地级市

不同典型年下经验调度模型与优化调度模型地级市缺水量如表 5-48、图 5-111～图 5-113 所示，经分析可知，缺水主要集中在徐州和连云港，在需水、供水以及工程运行条件均不发生变化的前提下，本研究提出的优化调度模型相比经验调度模型（原调度模型），徐州的缺水量明显减少了，充分体现了本研究所提出模型的合理性和科学性，而连云港由于其供水主要由闸门控制，且受南（江）水北调主干河道调水影响较小，因此本模型对于连云港市影响较小。

表 5-48　不同典型年下经验调度模型与优化调度模型地级市缺水量 （单位：亿 m³）

地级市	特别干旱年		一般干旱年		平水年	
	经验调度模型	优化调度模型	经验调度模型	优化调度模型	经验调度模型	优化调度模型
扬州	0.00	0.00	0.00	0.00	0.00	0.00
盐城	0.00	0.00	0.00	0.00	0.00	0.00

续表

地级市	特别干旱年		一般干旱年		平水年	
	经验调度模型	优化调度模型	经验调度模型	优化调度模型	经验调度模型	优化调度模型
淮安	0.22	0.26	0.02	0.02	0.00	0.00
宿迁	0.19	0.26	0.02	0.00	0.06	0.07
徐州	6.79	4.25	5.14	2.48	3.29	0.34
连云港	2.59	2.70	1.02	1.02	1.01	0.98

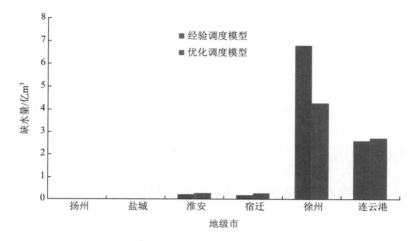

图 5-111　特别干旱年下经验调度模型与优化调度模型地级市缺水量柱状图

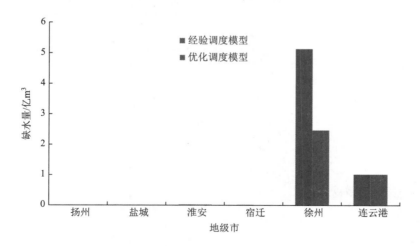

图 5-112　一般干旱年下经验调度模型与优化调度模型地级市缺水量柱状图

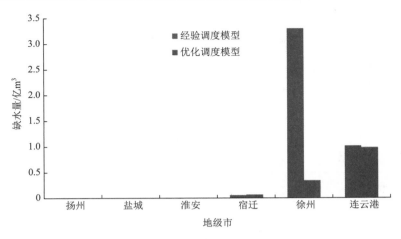

图 5-113 平水年下经验调度模型与优化调度模型地级市缺水量柱状图

2. 水资源分区

不同典型年下经验调度模型与优化调度模型水资源分区缺水量如表 5-49、图 5-114～图 5-116 所示，经分析可知，缺水主要集中在丰沛区、骆马湖上游区和沂北区，在需水、供水以及工程运行条件均不发生变化的前提下，本研究提出的优化调度模型相比经验调度模型（原调度模型），丰沛区的缺水量明显减少了，充分体现了本研究所提出模型的合理性和科学性，而骆马湖上游区和沂北区由于其供水主要由闸门控制，且受南（江）水北调主干河道调水影响较小，因此，目前阶段的优化调度对于骆马湖上游区和沂北区缺水改善效果相对较小。

表 5-49 不同典型年下经验调度模型与优化调度模型水资源分区缺水量 （单位：亿 m³）

水资源分区	特别干旱年		一般干旱年		平水年	
	经验调度模型	优化调度模型	经验调度模型	优化调度模型	经验调度模型	优化调度模型
安河区	0.51	0.47	0.14	0.09	0.14	0.14
盱眙区	0.03	0.04	0.00	0.00	0.00	0.00
高宝湖区	0.11	0.12	0.00	0.00	0.00	0.00
渠北区	0.01	0.00	0.00	0.00	0.00	0.00
里下河腹部区	0.00	0.00	0.00	0.00	0.00	0.00
丰沛区	4.67	2.25	4.40	1.84	2.92	0.19
骆马湖上游区	1.67	1.75	0.62	0.56	0.29	0.07
赣榆区	0.17	0.17	0.09	0.09	0.10	0.10
沂北区	2.42	2.48	0.81	0.81	0.91	0.88
沂南区	0.19	0.19	0.14	0.14	0.00	0.00

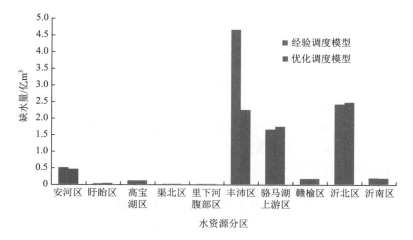

图 5-114　特别干旱年下经验调度模型与优化调度模型水资源分区缺水量柱状图

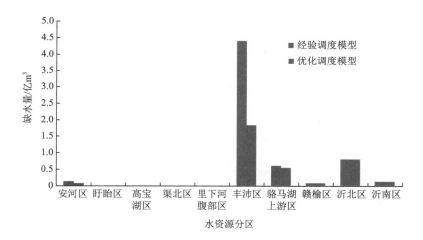

图 5-115　一般干旱年下经验调度模型与优化调度模型水资源分区缺水量柱状图

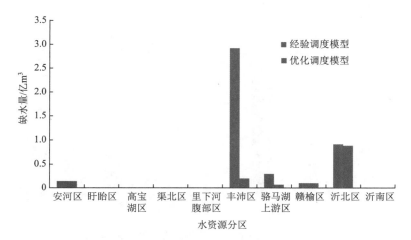

图 5-116　平水年下经验调度模型与优化调度模型水资源分区缺水量柱状图

3. 梯级

不同典型年下经验调度模型与优化调度模型梯级缺水量如表 5-50、图 5-117～图 5-119 所示，经分析可知，缺水主要集中在第三梯级和第九梯级，在需水、供水以及工程运行条件均不发生变化的前提下，本研究提出的优化调度模型相比经验调度模型（原调度模型），明显减少了第九梯级的缺水，充分体现了本研究所提出模型的合理性和科学性，而第三梯级由于其供水主要由闸门控制，且受南（江）水北调主干河道调水影响较小，因此本模型对于第三梯级影响较小。

表 5-50　不同典型年下经验调度模型与优化调度模型梯级缺水量　　（单位：亿 m³）

梯级	特别干旱年		一般干旱年		平水年	
	经验调度模型	优化调度模型	经验调度模型	优化调度模型	经验调度模型	优化调度模型
第一	0.00	0.00	0.00	0.00	0.00	0.00
第二	0.01	0.00	0.00	0.00	0.00	0.00
第三	2.91	3.12	1.04	1.04	1.01	0.99
第四	0.12	0.08	0.00	0.00	0.00	0.00
第五	0.11	0.04	0.00	0.00	0.00	0.00
第六	0.34	0.19	0.05	0.02	0.10	0.07
第七	0.72	0.95	0.07	0.23	0.01	0.06
第八	0.93	1.12	0.31	0.44	0.08	0.13
第九	4.65	1.97	4.73	1.78	3.17	0.14

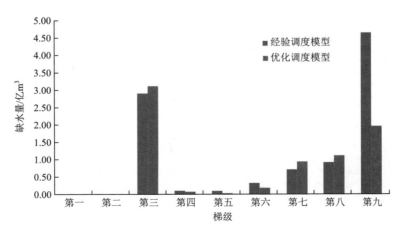

图 5-117　特别干旱年下经验调度模型与优化调度模型梯级缺水量柱状图

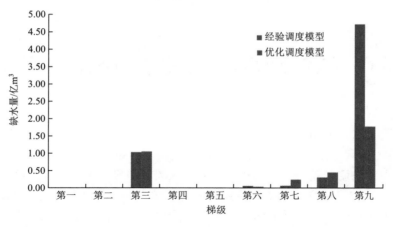

图 5-118　一般干旱年下经验调度模型与优化调度模型梯级缺水量柱状图

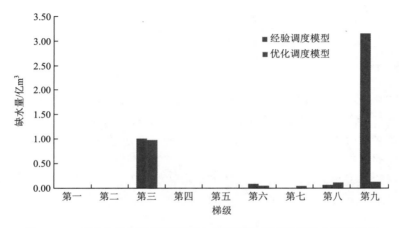

图 5-119　平水年下经验调度模型与优化调度模型梯级缺水量柱状图

第6章 水资源调度、配置与管理信息系统集成

本章针对研究区水利工程密集、水系河网密布、调度复杂的情况,设计并开发了耦合产汇流及水工程调度的水资源联合调度信息系统。将系统划分为 GIS 可视化模块、产汇流模块、水资源调度模块、水源划分模块四大模块,设计水资源空间数据库和水文数据库,依托 ArcGIS Engine 平台,采用组件式开发技术,实现对水资源联合调度信息系统的开发。利用直观的人机互动界面,立足微观层面用水户的用水需求,进行供水调配;根据实际,从不同空间口径进行调度统计;明确划分各用水口门水源来源。

6.1 总 体 设 计

6.1.1 需求分析

水资源联合调度信息系统应具有科学性、先进性、可靠性和实用性,能够体现库群联合调度的发展趋势,可为复杂水资源调度配置系统联合调度提供有力的技术支撑,大大提高相关规划设计的工作效率和工作质量。由此,水资源联合调度信息系统应该满足以下几个方面的需求。

(1)数据的组织和管理。南水北调江苏受水区水利工程集群联合运作,内在相互影响复杂。本系统需要厘清水利工程集群的空间关系和响应关系,统计不同水利工程的属性,并综合雨情、水情、工情等多元要素。这些数据既有空间数据也有对应的属性数据,由此本系统需要一个科学、高效的组织管理方式来处理这些交通数据,以便为系统的分析提供基础数据支持。

(2)调度决策服务。研究区水资源调度重点是模拟出农业、工业、生活、生态、船闸对水源的需求,并根据不同优先级对各用水户进行水源供给方案的设计与分析。本系统拟集成水资源模拟、调度、配置与管理一体化的决策平台,基于 GIS 技术,设计并实现易操作、实时、可视化、性能好的信息系统,为水利各级部门提供决策依据与管理平台,也是本系统的终极目标。

(3)水源划分服务。研究区南水北调东线贯穿各地级市,水情复杂。用水来源既有本地降水,也有长江抽调来水、淮河流域来水,且三者在联合调度时水相互混合,难以区分用水户所用之水究竟来源于何处。系统需在提供调度方案的同时,明确各用水户所用水源比例,厘清水源源头。

6.1.2 技术框架设计

系统所需满足的硬件条件如表 6-1 所示。

表 6-1   系统所需硬件条件列表

硬件条件	
监视器	有 Super-VGA（800×600）或更高分辨率的显示器
内存	至少 4GB 并且应该随着数据库大小的增加而增加，以便确保最佳的性能
处理器速度	最低要求为 x64 处理器： 2.0GHz 人核或更快
处理器类型	x64 处理器： AMD 公司 Opteron、AMD 公司 Athlon 64、 支持 Intel EM64T 的 Intel Xeon、 支持 EM64T 的 Intel Pentium IV
CRWRIS 开发服 务器配置	处理器：Intel Core i5-7200 CPU @2.50GHz 2.71GHz； 内存 8GB； 系统：64 位； 显示器分辨率：1920×1080

注：Advanced micro devices。

系统操作系统可以采用目前通行的主流操作系统：Windows 2003 简体中文版、Windows XP 简体中文版、Windows Vista 简体中文版、Windows 7 简体中文版、Windows 10 简体中文版。安装 Microsoft SQL Server 2012 客户端软件。整个系统在 C#环境中实施开发，结合 ArcGIS Engine 提供的 GIS 组件和可视化控件。凡未指明的系统运行环境要求，均为常规条件。但实际支撑本系统运行的软硬件条件对系统性能将产生影响。

结合水资源考核系统需求，在 Visual Studio 2013 平台下，构建水资源联合调度信息系统，系统平台采用 C/S 模式进行开发，系统技术框架如图 6-1 所示。水资源数据的属性数据通过 SQL（structured query language）数据库进行访问，地图数据则通过 ArcGIS Engine 组件进行访问和操作。工作模式从逻辑上可分为数据层、中间层和应用层。数据层主要体现水资源联合调度信息系统如何存储、管理空间数据和属性数据；中间层反映了系统开发的基本架构，如 C#开发环境、ArcGIS Engine 组件式技术，中间层负责连接数据层，并处理应用层的请求；应用层为系统提供相关功能应用服务，如基本 GIS 功能、查询与统计工具、可视化工具、调度方案工具等。

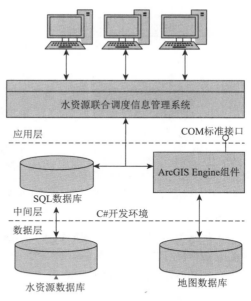

图 6-1   系统技术框架

在数据管理方面，水资源数据使用 SQL 数据库管理系统进行管理，而地图数据库在 ArcGIS 中处理，保存为 mxd 格式的地图文档，以方便 ArcGIS Engine 中 Map Control 控件的调用。

6.1.3   功能模块设计

水资源联合调度信息系统的主要功能是提供模拟调度方案，方便政府部门或管理人员进行指挥调度。因此，从用户使用所需功能和方便性考虑，进行系统功能模块划分。
系统功能结构如图 6-2 所示。

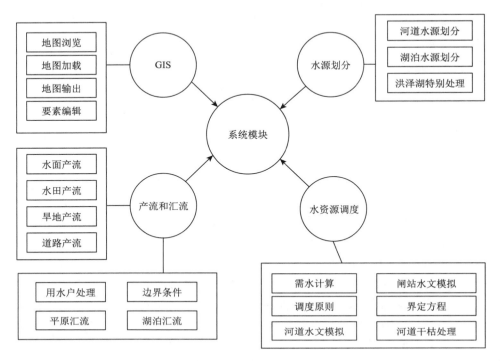

图 6-2　系统功能结构图

　　水资源联合调度信息系统应具备最常用的 GIS 功能，包括地图浏览、地图加载、地
图输出、要素编辑等。本系统中主要 GIS 功能依靠 ArcGIS Engine 组件式开发。ArcGIS
Engine 作为 ArcGIS 的主要产品之一，本质上是一个二次开发组件库，是面向开发嵌入式
GIS 和独立运行的 GIS 桌面端应用程序。

　　在 Windows 窗体应用程序中加入 Toolbar Control 控件、Map Control 控件和 License
Control 控件，把其 Buddy 属性设置为 axMapControl1。在本书中，由于系统对地图操作
的要求性不是很高，所以我们选择的 Toolbar Control 控件只有 Open、Zoom in、Zoom out、
Identity、Full Extent 和 Span。

　　本系统中的产流模块、汇流模块、水资源调度模块和水源划分模块的构建原理详见
本书第 2 章内容。

6.2　水资源调度数据库设计

　　系统所需数据将分为两类：空间数据和水文数据。因此本系统中水资源调度数据库
按数据类型设计也分为空间数据库和水文数据库这两个。

6.2.1　空间数据库

空间数据库主要作用是为系统储存管理矢量地图。空间数据的导入主要依靠在 C#环境中使用 ArcGIS Engine 组件式控件，因此空间数据的前期准备工作只需要在 ArcGIS 中完成即可。

GIS 数据通常可以从点、线和面进行简单的划分。本书将分别从点线面数据对空间数据进行分类讨论和设计。最后选择数据如下。

点数据：闸站枢纽、模型概化节点。

线数据：概化河网、研究区范围。

面数据：湖泊、县（市、区）区划、地级市区划、水资源分区区划。

本系统中，所有数据进行统一编号，以方便系统调用数据库中数据，以水资源分区、地级市和部分县级市为例，编号如表 6-2～表 6-4 所示。

表 6-2　水资源分区编码

水资源分区编号	水资源分区名称	水资源分区编号	水资源分区名称
E020110	安河区	E040310	骆马湖上游区
E020210	盱眙区	E040510	赣榆区
E030210	渠北区	E040410	沂北区
E030220	里下河腹部区	E040420	沂南区
E040210	丰沛区	F120320	浦南区

表 6-3　地级市编码

地级市编号	地级市名称	地级市编号	地级市名称
D320300	徐州	D320900	盐城
D320700	连云港	D321000	扬州
D320800	淮安	D321300	宿迁

表 6-4　部分县（市、区）编码

县（市、区）编号	县（市、区）名称	县（市、区）编号	县（市、区）名称
X321301	宿迁市辖区	X321003	邗江区
X321302	宿城区	X321012	江都区
X321311	宿豫区	X321023	宝应县
X321322	沭阳县	X321081	仪征市
X321001	扬州市辖区		

　　以 ArcGIS 为平台构建数据库，通常分为个人地理数据库和文件地理数据库。个人地理数据库空间大小一般不超过 2GB，而文件地理数据库的存储量不受限制。所以本系统选取文件地理数据数据库（gdb）构建空间数据库。空间数据中点数据、线数据与面数据以 shapefile 格式保存。建立坐标系时，选择 Krasovsky_1940_Albers。以图 6-3 为例，可在 ArcGIS 中查询某点要素的空间属性，该模型概化节点在县（市、区）层面属于新沂市。

图 6-3　点数据与面数据关系

6.2.2　水文数据库

　　水文数据库中管理的数据种类多，数据量大。为了方便数据库管理，将水文数据进行分类、标准化，并对入库水文数据做必要的说明。

　　数据表的设计是数据库设计的关键，合理的数据表不仅可以免去一些不必要的说明，而且可以简化数据入库的过程。最后确定入库的数据表如下。

　　（1）与年份变化无关的数据，即基础数据表：分市土壤平均缺水量、湖泊调蓄节点、渗漏量比例、水稻生育期控制指标、水面蒸发折算系数。

　　（2）随年份变化的数据，即统计数据表：船闸调度、分水源比例、灌溉定额_水稻泡田期、灌溉定额_水浇地菜地、灌溉水利用系数、河道特征、节点实测水位、节点特征、面上旁侧出流、气象_降水、气象_蒸发，下垫面属性、用水户（船闸、工业、农业、生活、生态环境)、域外节点、闸站开关等级、闸站实测流量、闸站特征、闸站逐日实际流量。

对以上数据表进行整理,表 6-5～表 6-12 为本系统水文数据库中的部分数据表的逻辑模型。

表 6-5　湖泊调蓄节点

列名	数据类型	允许 Null 值	单位
调蓄节点编码	int		
湖泊名称	text	✓	
所属水资源分区编码	int	✓	
水位	varchar	✓	m
面积	varchar	✓	km^2
体积	varchar	✓	亿 m^3

表 6-6　下垫面属性

列名	数据类型	允许 Null 值	单位
水资源分区编码	int	✓	
地级市编码	int	✓	
县（市、区）编码	int		
建设用地面积	varchar	✓	km^2
水面	varchar	✓	km^2
水田	varchar	✓	km^2
山区旱地	varchar	✓	km^2
平原旱地	varchar	✓	km^2
水田转旱地比例	varchar	✓	
湖泊水面面积	varchar	✓	km^2
不汇流的面积	varchar	✓	km^2

表 6-7　节点特征

列名	数据类型	允许 Null 值	单位
节点编码	int		
初始水位	varchar	✓	m
初始流量	varchar	✓	m^3/s
生态水位	varchar	✓	m
最高水位	varchar	✓	m

列名	数据类型	允许 Null 值	单位
经度	varchar	✓	
纬度	varchar	✓	
所在河道河底高程	varchar	✓	m
分区编码	int	✓	

表 6-8　河道特征

列名	数据类型	允许 Null 值	单位
河道编码	int		
首节点编码	int	✓	
末节点编码	int	✓	
首节点底高	varchar	✓	m
末节点底高	varchar	✓	m
首节点底宽	varchar	✓	m
末节点底宽	varchar	✓	m
左集水区编码	int	✓	
右集水区编码	int	✓	
河道长度	varchar	✓	m
边坡	varchar	✓	
河道水深	varchar	✓	m
糙率	varchar	✓	
输水损失量	varchar	✓	$m^3/(m/s)$

表 6-9　气象-蒸发

列名	数据类型	允许 Null 值	单位
水资源分区编码	int		
地级市编码	int	✓	
1	varchar	✓	
2	varchar	✓	
……	varchar	✓	
365	varchar	✓	
366	varchar	✓	

表 6-10　面上旁侧出流

列名	数据类型	允许 Null 值	单位
水资源分区编码	int		
地级市编码	int	✓	
林牧渔畜用水量	varchar	✓	亿 m^3/年
工业面上去点用水	varchar	✓	亿 m^3/年
生活面上去点用水	varchar	✓	亿 m^3/年
2005 年现状生态面上	varchar	✓	亿 m^3/年

表 6-11　用水户_船闸

列名	数据类型	允许 Null 值	单位
取水口门编码	int		
取水口门名称	text	✓	
首节点编码	int	✓	
末节点编码	int	✓	
口门规模流量	varchar	✓	m^3/s
水资源分区编码	int	✓	
地级市编码	int	✓	
县（市、区）编码	int	✓	
干线编码	int	✓	
所属梯级	int	✓	
用水户名称	text	✓	
流量	varchar	✓	m^3/s
属性	text	✓	
平均每天开闸次数	varchar	✓	
船闸等级	text	✓	
最低通航水位（闸上）	varchar	✓	
最大通航水位（闸下）	varchar	✓	
每次开闸耗水量	varchar	✓	m^3
年开闸耗水量	varchar	✓	万 m^3

表 6-12　闸站特征

列名	数据类型	允许 Null 值	单位
闸站编号	int		
闸站名称	text	✓	

续表

列名	数据类型	允许 Null 值	单位
闸站类型	int	✓	
首节点	int	✓	
末节点	int	✓	
孔数	int	✓	
闸孔净宽	varchar	✓	
闸底高	varchar	✓	
其中航孔数	varchar	✓	
航孔净宽	varchar	✓	
闸净总宽	varchar	✓	
自由出流系数	varchar	✓	
淹没出流系数	varchar	✓	
设计流量	varchar	✓	m^3/s

6.2.3　数据库表间关系

空间数据库中各数据在 ArcGIS 中以 shapefile 格式保存，以经纬度坐标构建空间关系。

水文数据库中各数据表关系较为复杂，将各数据表按不同模块计算步骤进行划分：①产汇流计算时所需的数据表，包括地级市、水资源分区的划分，气象数据，下垫面属性以及水稻生育期控制指标；②调度水源划分计算时所需的数据表，包括农业、工业、生活、生态、船闸五类用水户数据，各湖泊、河道、闸站信息，灌溉用水定额及利用系数，面上测出流和渗漏量比例。①、②步骤具体内部之间关系见图 6-4 和图 6-5。

图 6-4 中数据表有地级市、水资源分区、降水、蒸发、下垫面属性、水稻控制指标。各数据表关系如下：地级市和降水为一对多关系；水资源分区和降水为一对多关系；蒸发和地级市为一对多关系；水资源分区和蒸发为一对多关系；地级市和下垫面属性为一对多关系；水资源分区和下垫面属性为一对多关系。

本系统中，两大数据库中空间数据库和水文数据库依靠统一编码进行关联。空间数据库中，不同统计区域之间关系较为复杂。以水资源分区和地级市为例，由于统计口径的不同，二者并无实际意义上的空间统属关系，但二者均可以县（市、区）为空间最小单位进行关联。故而数据库中凡是涉及区域统计的，均以县级市为口径先行统计。图 6-4 中涉及水资源分区和地级市数据表，且关系为一对多关系的，均建立了市、县对应关系和水资源分区、县对应关系。以县（市、区）编码作为一对多关联的承载。水资源分区、地级市和县（市、区）编码见表 6-13。

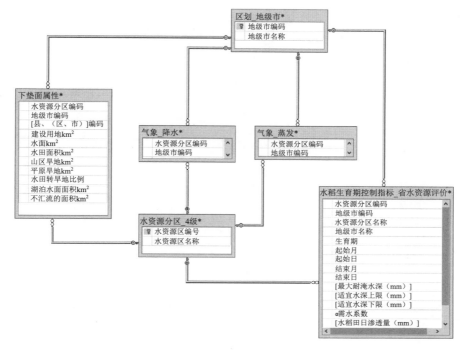

图 6-4　产汇流数据 E-R 图

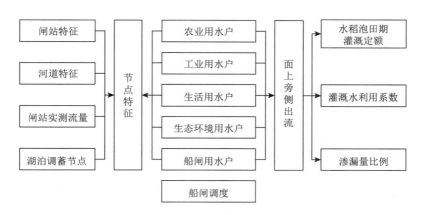

图 6-5　调度数据 E-R 图

　　图 6-5 中数据表有节点特征、闸站特征、河道特征、闸站实测流量、湖泊调蓄节点、船闸调度、水稻泡田期灌溉定额、灌溉水利用系数、渗漏量比例、面上旁侧出流、农业用水户、工业用水户、船闸用水户、生态用水户、生活用水户。其中关系如下：节点特征与闸站特征为一对多关系；节点特征与河道特征为一对多关系；节点特征与农业用水户、工业用水户、船闸用水户、生态用水户、生活用水户均为一对多关系；面上旁侧出流与农业用水户、工业用水户、船闸用水户、生态用水户、生活用水户均为一对多关系；面上旁侧出流与灌溉水利用系数为一对多关系；面上旁侧出流与水稻泡田期灌溉定额为一对多关系。

表 6-13　统计区域关系

水资源分区编码	地级市编码	县（市、区）编码
E020110	D320800	X320804
E020110	D320800	X320829
E020110	D320800	X320830
E020110	D321300	X321323
E020110	D321300	X321324
E020110	D321300	X321311
E020110	D320300	X320324
E020110	D320300	X320312
E020110	D320300	X320301
E020210	D320800	X320830
E030210	D320800	X320803
E030210	D320900	X320923
E030210	D320900	X320922
E030210	D320800	X320801
E030220	D321000	X321012
E030220	D321000	X321084
E030220	D321000	X321023
E030220	D320800	X320803
E030220	D320900	X320923
E030220	D320900	X320922
E030220	D320900	X320901
E030220	D320900	X320925
E030220	D320900	X320903
E030220	D320900	X320981
E030220	D320900	X320982
E030220	D320600	X320621
E030220	D321200	X321201
E030220	D321200	X321281
E030220	D321200	X321204
E040210	D320300	X320312
E040210	D320300	X320301
E040210	D320300	X320322
E040210	D320300	X320321
E040310	D321300	X321311
E040310	D320300	X320381
E040310	D320300	X320324
E040310	D320300	X320382
E040310	D320300	X320312
E040310	D320300	X320301
E040310	D321300	X321301
E040410	D321300	X321322

水资源分区编码	地级市编码	县（市、区）编码
E040410	D320300	X320381
E040410	D320700	X320723
E040410	D320700	X320701
E040410	D320700	X320722
E040420	D320800	X320804
E040420	D320800	X320826
E040420	D321300	X321323
E040420	D321300	X321311
E040420	D321300	X321322
E040420	D320700	X320723
E040420	D320900	X320922
E040420	D320900	X320921
E040510	D320700	X320707
F120320	D320500	X320509

　　节点特征与闸站实测流量为一对一关系；节点特征与湖泊调蓄节点为一对一关系；面上旁侧出流与渗漏量比例为一对一关系。

6.2.4　数据库查询与修改

　　在 SQL 中可以通过执行 SQL 语句查询数据库中所需要的信息。图 6-6 展示了如何利用 SQL 语句查询船闸调度表中船闸编码、用水单位、年开闸耗水量和船闸等级。在 SQL 中修改数据库中的信息同样可以通过执行 SQL 语句实现。

图 6-6　数据库查询示例图

6.3　CRWRIS 实现

根据系统总体设计方案，完成水资源联合调度信息系统的原型开发。实现相关功能模块，包括基本的 GIS 功能、调度功能、水资源划分功能。并选取具体数据，进行实例分析。

6.3.1　基本的 GIS 功能实现

图 6-7 为水资源联合调度信息系统的主界面。菜单栏为数据管理、产汇流计算、需水量计算、调度方案选择、调度结果、帮助和退出。工具栏的控件为地图浏览的基本控件，包括打开地图文档、加载图层要素、界面缩放、移动等。界面左侧为加载的图层要素，右侧为研究区地图。地图包括了闸站枢纽、模型概化节点、枢纽节点、概化河网、湖泊、分区等信息。系统提供了数据库管理、产汇流计算、调度方案选择、调度结果分析等功能。

图 6-7　系统主界面运行图

地图文件管理：包括打开、新建、保存、另存为地图文档（mxd 格式）。加载图层，导出专题地图，选取所需的不同要素生成研究区专题地图。例如闸站枢纽分布图、水系河网分布图等。

地图浏览：包括地图的放大、缩小、平移、全屏显示等基本功能。

图层控制：可见、不可见、移除所有图层，可见、不可见、移除当前图层。

地图标注：设置图层标注信息，可以是指需要标注的属性字段和相关信息，计算线要素的长度和面要素的面积周长。

6.3.2　调度功能实现

水资源调度首先需要计算需水量，其次根据河道、口门供水能力和需水情况选择供水优先顺序，由此确定水资源调度原则，以期实现供需平衡。根据具体调度原则计算调度功能的实现从原理上来说分为三个部分，分别是水文模拟、闸站调度、多空间尺度用水。

图 6-8 为调度方案参数设置界面，包括基本设置：一般默认选择正算方式，模拟时间间隔为 15min，河道分段最大长度 3000m。可根据实际情况调整的参数有节点初始水位空间插值参数、河道供水优先序（保留水深）、河道干枯处理参数、汛期参数、过闸流量参数、闸站调度参数。

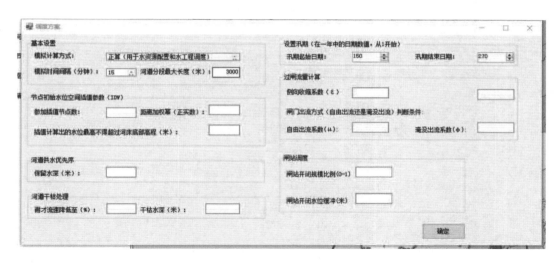

图 6-8　系统调度方案参数设置界面

1. 水文模拟

水文模拟是调度过程中最为基础的内容，闸站调度的判断条件和多空间尺度用水的相关计算数据均需依靠水文模拟提供。水文模拟流程如图 6-9 所示。输出初始时间 t_0 的相关数据，主要包括河道、节点的水位、流速、流量，水文数据库中的相关水文数据，产汇流模块计算所得数据，推导经过时间步长 t_1（通常选择 15min 作为时间步长）后的相关数据，继续推导下一时间步长的数据，直至调度时间 t_n 的数据。

主要方法是将研究区内河道模拟为平底、梯形明渠，选择河网水动力模型所介绍的圣维南方程进行计算。天然河道里的洪水波运动属于非恒定流，其水力要素随时间空间而变化，最早描述非恒定流的基本方程组是圣维南方程组。本系统采用圣维南方程表达河道的水文运动方式。该方程组分为连续方程和能量方程。方程表示如式（6-1）：

$$\begin{cases} B\dfrac{\partial Z}{\partial x} + \dfrac{\partial A}{\partial t} = q_L \\ \dfrac{\partial Q}{\partial t} + \dfrac{\partial}{\partial x}\left(\dfrac{Q^2}{A}\right) + gA\dfrac{\partial Z}{\partial x} + g\dfrac{n^2\,|v|\,Q}{R^{1.33}} = q_L v_x \end{cases} \quad (6\text{-}1)$$

式中，x 表征距离，km；t 表征时间，s；B 表征河道宽度，m；Z 表征河道水位，m；Q 表征河道断面流量，m³/s；A 表征过水面积，km²；q_L 表征入流量（以正负代表入流和出流），m³/s；n 表征河道的糙率；v 表征河道的流速，m/s；R 表征水力半径，m；v_x 表征入流沿水流方向的速度，m/s。

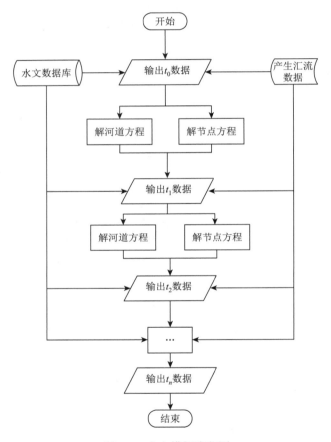

图 6-9　水文模拟流程图

2. 闸站调度

闸站调度是调度功能最为核心的部分，研究区水资源联合调度主要研究的就是闸站的调度情况。闸站调度流程图如图 6-10 所示。输出 t_0 时的数据，主要包括节点的初始水位、初始流量、生态水位、最高水位等相关数据，经过相关调度原则判断，选择 t_0 时刻闸站的开闭，计算相关流量，输出调度数据。调用计算下一时间步长的节点相关水位、流量、流速等信息，调用 t_0 时的调度数据，进行水文模拟，输出 t_1 时的数据后，同样经过相关调度原则判断，选择 t_1 时刻闸站的开闭，计算相关流量，输出调度数据。直至调度终止时间，累计计算各时间步长，得出各闸站逐日翻水量数据。

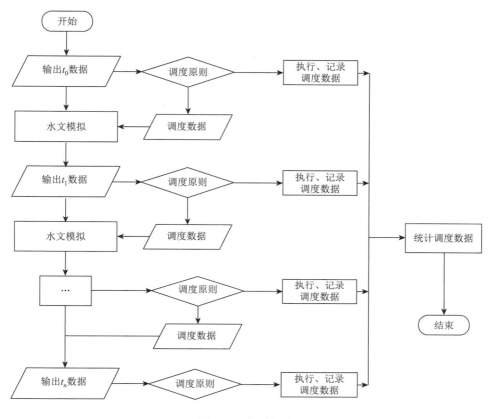

图 6-10　闸站调度

　　主要方法：将每个闸站开闭具体条件和闸站相关节点水位进行关联，将水位作为判断条件。以江都东闸为例，分析其调度原则（表 6-14）。

　　江都东闸为水闸，首节点 N516，末节点 N519，共有 13 孔。第一步，判定时间是否为全年，其次判定节点 N999 水位是否高于 2.0m，如果是则执行 0（判断结束，开闸，由末节点向首节点反向翻水，开全孔），否则执行 1（下一步）。第二步，判断时间是否为全年，其次判定节点 N999 水位是否高于 1.3m，如果是则执行 0（判断结束，开闸，由末节点向首节点反向翻水），否则执行 1（下一步）。第三步，判断时间是否为汛前，其次判定节点 N4 水位是否高于 1.7m，如果是则执行 1（下一步），否则执行 0（判断结束，开闸，由首节点向末节点正向翻水）。第四步，判断时间是否为汛后，其次判定节点 N4 水位是否高于 1.7m，如果是则执行 1（下一步），否则执行 0（判断结束，开闸，由首节点向末节点正向翻水）。第五步，结束判断，不开启闸门。

表 6-14　江都东闸调度原则表

闸站编号	闸站名称	闸站类型	首节点	末节点	孔数	闸孔净宽/m	闸底高	其中航孔数	航孔净宽/m	闸总净宽/m
	江都东闸	水闸	N516	N519	13	6	−7	1	6	78
	N999	2	0	1	反	1	水位	判断节点	全年	
G498	N999	1.3	0	1	反	1	水位	判断节点	全年	
	N4	1.7	1	0	顺	1	水位	判断节点	汛前	
	N4	1.7	1	0	顺	1	水位	判断节点	汛后	
					结束					

3. 多空间尺度用水分析

多空间尺度用水分析是调度功能的结果。通过水文模拟进行闸站调度，最终依据闸站调度方案分析通过调度后各用水户在不同空间尺度上的供需水平衡。其流程如图 6-11 所示，输出 t_0 时的数据，各用水户（农业、工业、生活、生态、船闸）节点按用水原则判断 t_0 时的流量使用情况，其中水资源分区和地级市需要考虑面上测流的情况，输出供水数据。将实际供水和需水进行比较，判断 t_0 时是否发生缺水情况。调用 t_0 时的供水数据，采用水文模拟计算下一时间步长 t_1 时的数据，各用水户（农业、工业、

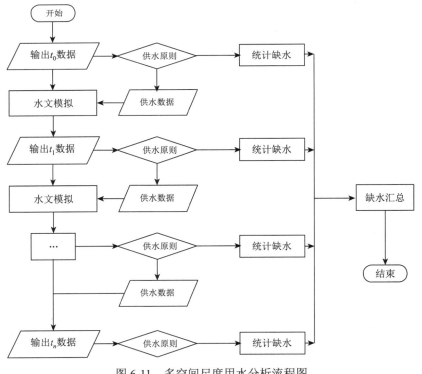

图 6-11　多空间尺度用水分析流程图

生活、生态、船闸）节点按用水原则判断 t_1 时的流量使用情况，其中水资源分区和地级市需要考虑面上测流的情况，输出供水数据。将实际供水和需水进行比较，判断 t_1 时是否发生缺水情况。直至调度终止，根据不同的空间尺度，按地级市、水资源分区、区段、梯级、干线统计缺水情况。

　　主要方法：供水源主要依据第 2 章中可供水量及供水优先序进行供水，缺水量为需水量与供水量之差。

6.3.3　水源划分功能实现

　　研究区用水主要来源于长江水、淮河水和本地水。然而水在河道运动或是湖泊调蓄过程中，三种水充分混合。明确其用水来源，确定水权是优化水源结构、科学高效用水所必需的条件。本书将河道、湖泊以及洪泽湖出水（三河闸）分为三类，分别赋予分比例水源划分公式，具体见第 2 章。

　　水源划分流程如图 6-12 所示。输出初始时间 t_0 的相关数据，主要包括各节点、断面、河道的流量，各断面面积，初始赋予的三种水源比例。采用分比例水源划分公式，推导经过时间步长后（通常选择 15min 作为时间步长）t_1 的相关数据，继续推导下一时间步长的数据，直至调度终止时间 t_n 的数据。统计调度时间内水源划分数据，根据不同的空间尺度，按地级市、水资源分区、区段、梯级、干线统计水源划分情况。

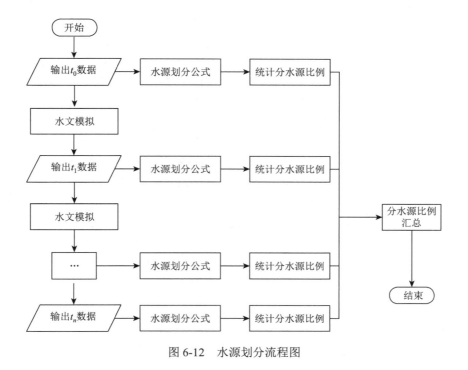

图 6-12　水源划分流程图

第 7 章 总 结

7.1 主要成果与结论

江苏省紧紧围绕中央一号文件和国务院相关意见和通知，2012 年颁布的《关于实行最严格水资源管理制度的实施意见》，逐步推行最严格水资源管理制度。在此水利建设背景下，本研究针对现有工作的薄弱环节，重点开展了水资源核定与考核、水资源配置与调度、水量分配等关键技术研究，为实现水资源高效利用提供了较为合理的建议。

根据节水型社会建设和精细化水资源管理要求，结合本研究构建的微观层次南水北调受水区水资源配置模型，考虑不同典型年（选取 1966 年作为特别干旱年、1968 年作为一般干旱年、1983 年作为平水年），制定地级市、水资源分区、梯级等不同层次的水资源调配方案。

（1）摸清引江水、淮水、本地水的具体行踪"路线图"。

本研究从两个层次进行水源划分：一是长江水、淮河水、本地水、地下水水源划分；二是划分南水北调新增工程、原江水北调工程系统的供水量，主要目的在于摸清引长江水、淮河水、本地水的具体行踪"路线图"，总结不同水源以及水工程集群的供水规律。主要结论如下：①对于不同典型年，淮河水用量远远大于长江水以及本地水，即研究区主要利用淮河水作为供水水源。②本地水和淮河水是由天然产汇流关系形成的重力自流水，能耗较小，因此供水成本较低，而引江水供水线路长，能耗大，成本较高。因此，满足供水要求的前提下，我们希望尽可能多地利用淮河水和本地水，从而减少长江水的利用。因此淮河以及本地水利用次序优先于长江水。对比特别干旱年、一般干旱年至平水年不同水源的用水数据，我们可以得出，不同典型年来水越丰，相应的长江用水量呈现明显的减少趋势，而淮河以及本地水用量变化并不明显，长江水利用次序较低。因此本模型从优化水源结构出发，达到了水资源高效利用的目的。③对于不同典型年，由于本研究提出的优化调度模型默认优先利用江水北调模型，因此只有在江水北调工程能力不足的情况下才会启动南水北调工程，因此利用江水北调工程所属泵站抽水量远远大于南水北调工程，即研究区主要利用江水北调工程实现水资源的空间分配。④对比特别干旱年、一般干旱年至平水年不同工程的调水量数据，我们可以得出，不同典型年来水越丰，相应的工程调水量呈现明显的减少趋势，这与实际调度情况相符合，也在一定程度上证明了本研究提出模型的合理性与有效性。

（2）建立南水北调（江水北调）优化调度模型。

本研究提出的优化调度模型在需水、供水以及工程运行条件均不发生变化的前提下，相比经验调度模型（原调度模型），大大增加了调水系统的供水能力。优化调度模型与经验调度模型相比，优点主要体现在以下方面：①不同典型年下经验调度模型与优化调度模型所计算的用水户缺水量，利用优化调度模型计算的研究区内用户缺水量明显小于经验调度模型计算结果,即利用优化调度模型能够显著减少系统的缺水量,极大地改善了水资源系统的供需平衡状况;②不同典型年下经验调度模型与优化调度模型所计算的引长江水量,利用优化调度模型计算的研究区所需引长江水量与经验调度模型计算结果基本一致,而缺水量明显小于经验调度模型计算结果,即优化调度模型主要依靠调整淮河水和本地水资源的时空分布来缓解研究区的水资源供需矛盾,对于成本较高的引长江水依赖较小,极大程度地提高了水资源的利用效率。

(3)受水区水量考核方案研究。

本研究从节水型社会建设和精细化水资源管理要求出发,基于江苏省用水总量控制指标,从水资源供需用的环节,构建水资源考核指标体系,评估水资源利用效率,形成了完善的水资源管理监督考核的支撑体系。

江苏省下达的用水总量控制目标以地级市为单位,而本研究所建水资源配置模型计算结果包含水资源分区、区段、干线等层次。本研究将模型模拟计算得到的各层次用户需水结果进行归一化,继而得到分割比例,利用该比例划分出水资源分区、区段、干线与梯级的总量控制目标,其中水资源分区与地级市均考虑干线以及面上用水,研究区控制目标一致,均为 168 亿 m^3,区段、干线以及梯级仅考虑干线用水,其研究区控制目标为 118 亿 m^3。

水资源利用效率评价较为复杂,本研究以核定的水量分配方案为基础,构建了一个科学合理的评价指标系统。目标层为水资源利用效率评价,准则层为综合用水、农业用水、工业用水和生活用水,采用主成分分析法,分别针对地级市以及水资源分区得出用水效率的综合得分,得分越高,则代表该地区用水效率越高,相应的得分越低的地区其用水效率相对落后。对于地级市,得分最高的是徐州市而得分最低的是扬州市,通过各个指标值的对比,可以发现,徐州的每个指标均优先于扬州市,且各指标差距较大,而得分最为接近的连云港市和宿迁市,各指标也处于较为接近的状态,以该综合得分评价各地级市的整体用水效率具有较为良好的效果;对于水资源分区,沂北区、赣榆区得分最高,各方面指标也最为相近,是用水效率最高的两个水资源分区,其次是安河区、骆马湖上游区以及丰沛区,盱眙区、沂南区则较为一般,渠北区高宝湖区以及里下河腹部区则得分最低,高宝湖区和里下河腹部区各指标差距其实并不是特别大,相比各区的差距普遍不大,其综合得分具有较好的区分和辨识。

7.2　创　新　点

(1)实现耦合多元要素与节水调控措施的反馈式调度。调度方案是水资源配置的核心与关键。南水北调江苏受水区水工程集群联合运作,内在相互影响复杂。本研究在理清水工程集群响应关系的基础上,综合雨情、水情、工情等多元要素,并耦合节水调控机制的反馈,制定了有“实效”与“时效”的水工程集群多元联合实时反馈式调度方案。

(2)进行模型计量功能研究,实现定量化考核。在绿色低碳生态的指导方针下,提出最佳节水方案是水资源高效利用的有力抓手。本研究聚焦于研发模型反算核定功能,实现供水水源划分、建立考核与核定体系，为节水调控机制提供关键量化数据，与水资源优化调度与配置相互响应，提高了水资源利用效率。

（3）建立立体构架的水资源模拟调度和展示体系。本研究集成水资源模拟、调度、配置与管理一体化的决策平台，基于 GIS 技术，设计并实现易操作、实时、可视化、性能好的信息系统，为水利各级部门提供了决策依据与管理平台。

7.3 展　　望

（1）进一步建立水质水量联合调控模型。本研究主要研究以水量分配为核心的传统水资源配置模式，今后期望进行南水北调水工程群水质水量联合调配模型的研究，从水质、水量两个角度考虑研究区水工程群的实际运营，为实现研究区的水资源合理配置与高效供给以及"清水北调"提供实现方法，为最严格水资源管理体系提供保障措施，以上研究将对南水北调沿线受水区供水安全与粮食安全具有重要的战略意义。

（2）水工程集群间相互响应的调度方案的研制。南水北调东线江苏受水区水工程集群联合运作，内在相互影响复杂。基于实地调研与统计分析方法，探讨南水北调江苏段水利工程集群间的相互作用，提取水利工程集群的联合响应因子，融合到调度原则制定中，提高调度效率，对于水资源优化配置起决定性作用。下一步拟开展水工程集群间相互响应机制的研究，提高模型的模拟功能。

参 考 文 献

[1] 王浩，王建华，秦大庸.流域水资源合理配置的研究进展与发展方向[J]. 水科学进展，2004（1）：123-128.

[2] 王浩，游进军. 中国水资源配置 30 年[J]. 水利学报，2016，47（3）：265-271.

[3] 游进军，王忠静，甘泓，等. 国内跨流域调水配置方法研究现状与展望[J]. 南水北调与水利科技，2008，6（3）：1-4.

[4] Jain S K，Reddy N S R K，Chaube U C. Analysis of a large inter-basin water transfer system in India / Analyse d'un grand système de transfert d'eau inter-bassins en Inde[J]. Hydrological Sciences Journal/ Journal Des Sciences Hydrologiques，2005，50（1）：1-137.

[5] Xi S F，Wang B D，Liang G H，et al. Inter-basin water transfer-supply model and risk analysis with consideration of rainfall forecast information[J]. Science China Technological Sciences，2010，53（12）：3316-3323.

[6] Peng Y，Chu J，Peng A，et al. Optimization operation model coupled with improving water-transfer rules and hedging rules for inter-basin water transfer-supply systems[J]. Water Resources Management，2015，29（10）：1-20.

[7] 卢华友，文丹. 跨流域调水工程实时优化调度模型研究[J]. 武汉水利电力大学学报，1997(5)：11-15.

[8] 任保华，黄平. 二次规划在调水决策和水分配问题中的应用[J]. 气候与环境研究，2006，11（3）：361-370.

[9] 王国利，梁国华，曹小磊，等. 基于协商对策的群决策模型及其在跨流域调水方案优选中的应用[J]. 水利学报，2010（5）：624-629.

[10] 郭旭宁，胡铁松，吕一兵，等. 跨流域供水水库群联合调度规则研究[J]. 水利学报，2012(7)：757-766.

[11] 彭安帮，彭勇，周惠成. 跨流域调水条件下水库群联合调度图的多核并行计算研究[J]. 水利学报，2014，45（11）：9.

[12] 万芳，周进，邱林，等. 跨流域水库群联合供水调度的聚合分解协调模型及应用[J]. 水电能源科学，2015（6）：54-58.

[13] 侍翰生. 南水北调东线江苏境内工程水资源优化配置方法研究[D]. 扬州：扬州大学，2013.

[14] 章燕喃，田富强，胡宏昌，等. 南水北调来水条件下北京市多水源联合调度模型研究[J]. 水利学报，2014，45（7）：844-849.

[15] 宋丹丹，杨树滩，常本春，等. 江苏省南水北调受水区水资源配置[J]. 南水北调与水利科技，2015，13（3）：417-421.

[16] 刘远书，杜婷，黄跃飞，等. 南四湖截污导流工程水量水质联合调度运行研究[J]. 河海大学学报（自然科学版），2013（5）：395-399.

[17] 张大伟. 南水北调中线干线水质水量联合调控关键技术研究[D]. 上海：东华大学，2013.